美玉传世

看图识翡翠

张野 著

華中科技大學出版社
http://www.hustp.com
中国·武汉

图书在版编目(CIP)数据

看图识翡翠：美玉传世 / 张野著. —武汉：华中科技大学出版社，2018.8

ISBN 978-7-5680-4011-2

Ⅰ. ①看… Ⅱ. ①张… Ⅲ. ①翡翠—基本知识 Ⅳ. ①TS933.21

中国版本图书馆CIP数据核字（2018）第099015号

看图识翡翠：美玉传世
Kantu Shi Feicui: Meiyu Chuanshi

张　野　著

策划编辑：娄志敏　张　琪
责任编辑：娄志敏
责任校对：马燕红
封面设计：仙　境
责任监印：朱　玢

出版发行：华中科技大学出版社（中国·武汉）　电话：（027）81321913
武汉市东湖新技术开发区华工科技园　邮编：430223

印　　刷：武汉精一佳印刷有限公司
开　　本：880mm×1230mm　1/32
印　　张：7.75
字　　数：200千字
版　　次：2018年8月第1版第1次印刷
定　　价：125.00元

宝玉天地造
翡翠传千年

序一

PREFACE

翡翠自古是皇家、贵族必备的珠宝，她是人类文明进步的标志、精神领域的寄托。缅甸翡翠在清代被大量使用，一开始就富有神秘色彩。辟邪、保佑平安，象征权力、财富。新中国成立后，我国成为翡翠加工大国，利用翡翠原材料，创作出了四大国宝："群芳揽胜""四海欢腾""岱岳奇观""含香聚瑞"。现代匠人赋予她更多的传统文化，带她走入千家万户。

翡翠作为玉中之王，最为中华民族所喜爱，有"君子无故，玉不离身""人养玉三年，玉养人一生"等一些美好的诗词。翡翠吸取日月之精华，天地之灵气，加上诸多文化寓意，选择适合自己的珠宝，能让我们心情愉悦，能量倍增。翡翠矿物里含有很多对人体有益的微量元素，长期佩戴对身体有益。

正是由于大众对翡翠的喜爱，大量资本进入到了珠宝市场，建立翡翠交易中心。翡翠每年的交易额数以万亿计，而且呈逐年上升趋势。中国人素有"乱世藏金，盛世藏玉"这个说法。如今，人民的生活日渐富裕，越来越多的人，开始把翡翠作为礼品、收藏、传承之物的首选。国内综合物价的上涨，消费水平的提升，翡翠的价格更是年年翻番。有一位玩友，2009年1万元买的手镯，2017年被专业人员估价15万元多，而且还说会继续涨。

近几年，随着新媒体的兴起，翡翠行业多了一些销售方式，网站、商城、直播，让更多的人加入了珠宝行业，也让更多的消费者直观了解到火爆的翡翠市场。古玩玉器城也是遍地开花，它带动了当地居民的玩宝热情，特别是赌石，“一刀穷，一刀富”的故事，不断在上演。在瑞丽，就有不懂翡翠的游客，花5千元买的原石，解开后被30万元收购了。高利润与高风险并存，消费者仍乐此不疲。

懂翡翠的人很少，所以催生了很多培训机构，它们教育人们正确理解翡翠的文化寓意、价值体现。让人们更清楚地欣赏翡翠本质美、意境美，提升了品位、陶冶了情操。当人们懂玉、爱玉，人心向善，努力工作，社会就会和谐，国家就会进步。

翡翠经济因盛世应运而生，下一波翡翠经济，必然成为投资者青睐的风口。翡翠是资源性宝石，不可再生，肯定会持续保持价格的增长。人们为了选择更好、更美的珠宝，一定会更加努力地创造财富。个人财富增长，一定也会给社会带来财富。所以良性发展既能带来个人收益，又能带动国家经济发展。随着中国文化走向世界，翡翠经济必然走向世界，因此翡翠经济的发展不可限量。

张野作为翡翠行业的资深学者，潜心钻研翡翠十余载。从原石、明料、加工、文化、有机宝石、矿物珠宝，每一个环节都倾注了自己的心血，磨练了翡翠文化的底蕴，充满了正能量。他将对翡翠文化的无限热爱，通过文字，奉献给社会，为实现“中国梦”添砖加瓦。

叶青

序二

PREFACE

一本有情怀的书问世了。

翡翠之书不少，能读出情怀的不多，字里行间尤有拳拳之心。

他认真，用心积累点点滴滴。

他谦虚，四方求教海绵吸水。

他执着，不畏嘲讽坚持到底。

他深情，倾注心力只为翡翠。

翡翠营商，利来润往，大多商贾循规蹈矩，张野偏要多操一份心。

他对自然的敬畏，对使命的守望，或许是持之以恒的源力。

支持张野，就是支持每一位孜孜的翡翠人。

胡小凡　2017年冬于鹏城田贝

目录
CONTENTES

第一部分
翡翠基础知识入门

第二部分
翡翠的鉴定与收藏

第三部分
附　录

第一部分

翡翠基础知识入门

第一章 从古至今的玉石文化

第一节 公元前6000—前3000年玉石文化

玉为何物？古人云："石之美者。"中国的玉文化源远流长，从新石器时代至今，在近8000年的历史长河中，它的发展伴随着中华民族的生息繁衍和文明进步而经历了漫长的岁月。在古代，我们的祖先崇玉尚玉。无论是祭祀神灵，还是显示权力；无论是推动生产，还是装点生活，玉在人们的心目中有着至高无上的地位。它不仅是中华民族文化的重要组成部分，而且是最为璀璨的一颗明珠。

中国人用玉，最早可以追溯到远古时期，迄今所知距今六十万年的“北京人”，从居住地两公里以外的花岗岩坡地上找到水晶用来制造工具。这就是我国玉器的最初萌芽。从它诞生之时即与石器共存，其功能也与石器一致。在先民眼里，玉器与石器似乎没有什么区别。这就是我们说的玉、石俱在，玉、石不分的现象。人类经历了数十万年的玉石并存的历史时期之后，对两者的差别慢慢地有了新的认识。至距今8000年的原始社会后期，出现了装饰精美的玉器。

C型龙

曾候乙墓出土的玉器

第二节
秦朝至清朝玉石文化

在中国古代，玉乃是国之重器，祭天的玉璧、祀地的玉琮、礼天地四方的圭、璋、琥、璜都有严格的规定。玉玺则是国家和王

玉璜

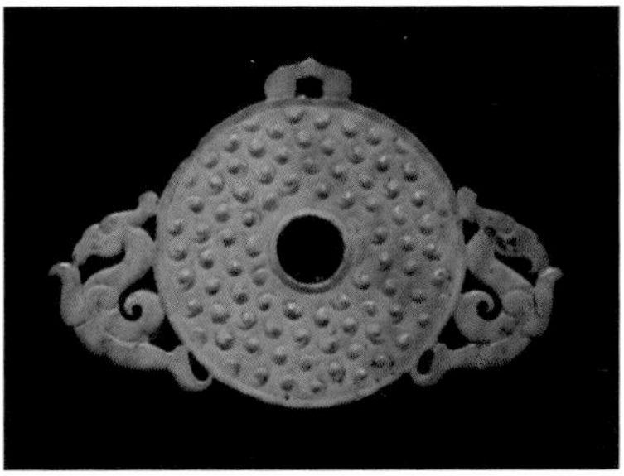

玉璧

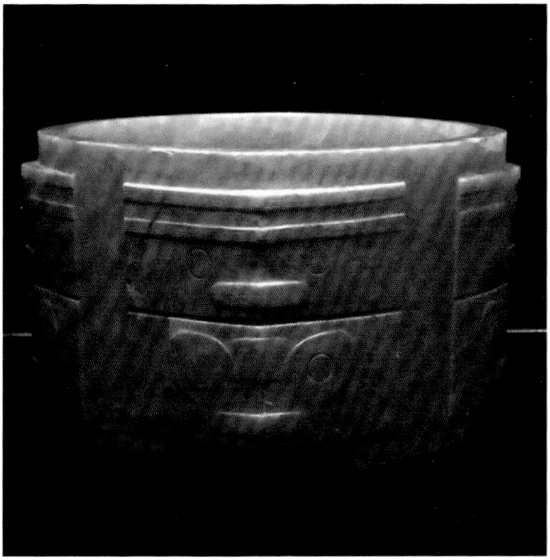

玉琮

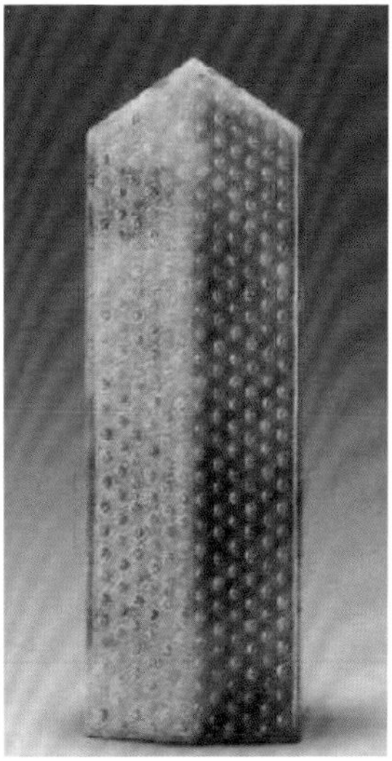

玉圭

权的象征，从秦朝开始，皇帝采用以玉为玺的制度，一直沿袭到清朝。

汉代佩玉中有驱邪三宝，即玉翁仲、玉则卯、玉司南佩，多有传世品。汉代翡翠中“宜子孙”铭文玉璧、圆雕玉邪等作品，都是祥瑞翡翠。

传国玉玺

传国玉玺

唐宋时期翡翠中某些初露端倪的吉祥图案，尤其是玉雕童子和花鸟图案的广泛出现，为以后吉祥类玉雕的盛行铺垫了基础。

各地出土的辽、金、元时期各种龟莲题材的玉雕制品就是雕龟于莲叶之上。

在明代，尤其是后期，在翡翠雕琢上，往往采用一种“图必有意、意必吉祥”的图案纹饰。

清代翡翠吉祥图案有仙人、佛像、动物、植物，有的还点缀着禄、祷福、吉祥、双喜等文字。清代翡翠中吉祥类图案的大量出现、流行，实际上从一个侧面体现了当时社会人们希望借助于翡翠来祝福他人、保佑自身，向往与追求幸福生活的心态。

乾隆时期翡翠

慈禧太后墓出土的翡翠白菜，现藏于台北故宫博物院

第三节
近代玉石文化

古人云：“君子无故，玉不去身。”从古至今，中国人爱玉，以玉比德，以玉养德，不只是因为它外在的美，而是因为透过它的钻研之美闪烁出一种深刻的内涵。玉作为自然界中一种硅酸盐无机

物，自身并无什么功力，更没有什么神通。但经过人工的碾磨雕琢和大地的经久淬炼，它的那种坚韧、刚毅、纯洁、朴实、高雅、稚拙、灵透和温润的自然属性便充分地显现出来，并对人类产生巨大的影响，这种影响归结到一点就是玉的品格。在人类历史的长河中，人们世世代代在思考、在感悟，并用玉的品格不断地净化心灵，校正人生，使玉的品格人格化，逐渐形成了中国玉文化的一种传统美德——玉德。玉德是玉文化的精髓，是区别于其他文化的重要标志。

宋美龄女士珍藏手镯

玉是高尚人格的象征，“君子必佩玉”“洁身如玉”“温润如玉”，成为古人对美好人格的赞誉。玉是高风亮节的比喻，在民族危难、黑云压城的紧要关头，多少仁人志士以“宁可玉碎，不愿瓦全”的坚定信念，谱写了一曲曲民族气节的颂歌；玉是美丽形象的化身，“亭亭玉立”“玉树临风”的形象，无不使具有爱美之心的人们由衷地赞赏。

人们赞美玉，爱玉，赏玉，佩玉，藏玉。“石之美者，有玉德”，玉不仅是古人对具备色泽、硬度、声音、纹理和质地等条件的美石的定义，更重要的是，在今天人们的心目中，玉成了个人修养、高尚品格、美好愿望、完美形象和自身良好情操的载体，中国人敬玉爱玉之习绵延不断，流传至今。

今天，人们对玉还有一种特殊的情愫，在日常生活和人际交往中，人们用玉来寓意喜庆与吉祥，用玉来祝福福寿和安康，用玉来

表示坚贞与忠诚，用玉来象征文雅和永恒。用玉以赏心悦目，用玉以护身养颜……人影响了玉，玉感化了人，玉的光彩因人的喜爱而愈显绚丽，人的情操因玉的灿烂而得到陶冶、升华。

而其中，翡翠，被誉为“玉石之王”，不仅是一种典雅的装饰品，也是财富和文明的标志，更是收藏和传世的文化臻品。

第二章 佩戴翡翠对身体有什么益处

第一节 史料记载

明代伟大的医学家李时珍在其传世之作《本草纲目》中记载，玉石具有“除中热、解烦闷、润心肺、助声喉、滋毛发、养五脏、疏血脉、明耳目”等功效。经千百年来科学研究和人们使用实践证明，玉石确有一定的医疗或保健作用。据现代矿物医学、物理学、化学和生物学综合研究的结果表明：玉石有一定的医疗保健效果，尤其是翡翠中含有对人体有益的微量元素，如锌、镁、铁、硒、

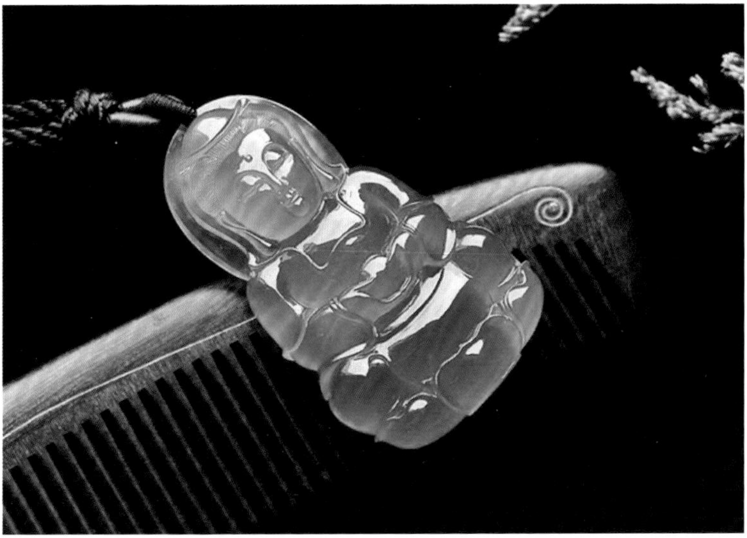

铬、锰、钴、铜等。经常佩戴翡翠饰品，可使这些微量元素通过人体的皮肤、穴位进入人体，由经络及血液循环而遍布全身，从而在一定程度上起到补充人体中微量元素的欠缺、平衡生理机能、保健延年的作用。

第二节 科学分析

玉石饰品本身能使人产生美好的心理感受，心理上的愉快安宁必然会对人的生理产生积极的作用，从而使人身心健康。以佩戴翡翠饰品为例：上等的绿色翡翠乃玉中的精品，被尊称为“玉石之王”，上等翡翠的绿色是很优雅的颜色之一，绿色是希望、和谐、青春、永恒的象征，深绿色是大自然中森林的主色调，深沉而幽静，令人心情舒畅，精神安宁。翡翠的绿色给人积极的遐想，中国医学有“肝开窍于目，绿色养肝明目，杂色伤肝伤身”之说。现代科学早已证明，绿色在可见光谱中波长居中，为490～530纳米，它

对人的眼睛具有保护的作用，同时对人的神经系统具有安神镇静的作用。

玉石饰品不但是一种财富、一种装饰品，同时也是人们精神寄托的物品。在良性氛围的陶冶中，人们会以积极、乐观、坦然、安宁的心态面对生活，从精神文明及心理健康的角度，我们也可以说佩戴翡翠对人们的健康有益。

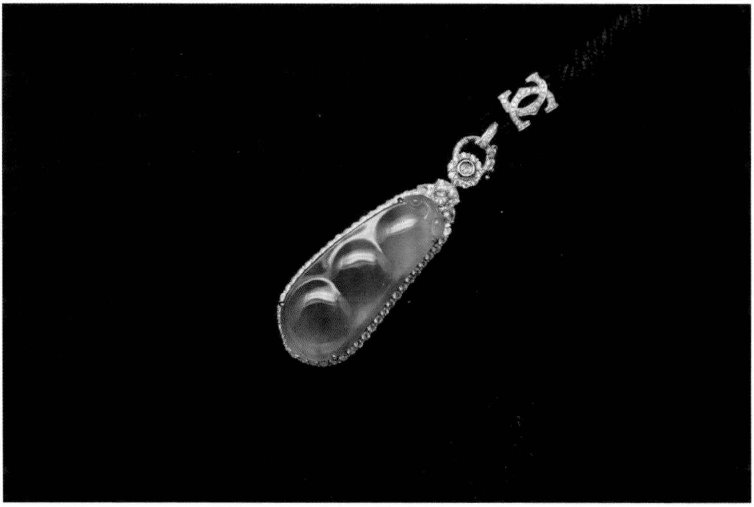

第三章 哪些位置出产翡翠

第一节

世界产地

缅甸是翡翠原石的主要产地，占世界产量的80%以上，是世界上宝石级翡翠的主要供应国。此外，在哈萨克斯坦、美国加利福尼亚的海岸山脉、危地马拉、墨西哥和日本本州等地也有少量的翡翠矿床，但其质量远远比不上缅甸的翡翠。因此，缅甸成了高档和商用翡翠的主要产地。

缅甸北部的勐拱、帕岗、南岐、香洞、会卡等地产翡翠，而专

出产翡翠地理位置

家考察后发现世界上质量最好的翡翠，产于缅甸的隆肯（又称龙肯）翡翠矿区，此区位于缅甸的西北部，距密支那西北136公里，距勐拱西北102公里。出产优质翡翠的地区长70公里、宽20公里，地区面积约1400平方公里。

除缅甸出产翡翠外，日本、美国、哈萨克斯坦、危地马拉、墨西哥和哥伦比亚等地出产的翡翠的特点是达到宝石级的很少，大多可作为一些雕刻级的工艺原料。

日本的翡翠产地散布在日本新潟县、鱼川市等地。主要为原生

缅甸产区实景

矿，较多粗粒结晶的硬玉集合体，颜色以绿色、白色为主，质地较干。

美国翡翠，主要发现于加州。有原生矿也有次生矿，和缅甸翡翠相比，美国翡翠大多只能用作雕刻材料，缺少首饰级的祖母绿色的翡翠，质地干且结构较粗。当地的翡翠矿床是利奇湖矿，主要由透辉石、硬玉、石榴石及符山石的细脉体组成。

哈萨克斯坦的翡翠原生矿主要为伊特穆隆达和列沃-克奇佩利矿，与矿化和蛇纹岩体有关。硬玉主要呈浅灰、暗灰、浅绿、暗绿等颜色。其质量大多和缅甸商品级的不透明、水头差、结构粗的雕刻料相当。

危地马拉的翡翠矿是于1952年被发现的，其矿床主要由硬玉及透辉石、钙铁辉石组成。

危地马拉的翡翠据说在古老的玛雅文明中就已非常有名，后来随着玛雅文明的神秘消失而失传。直到1975年一对美国夫妇在该国才重新发现和开发出这一瑰宝。目前，危地马拉的翡翠主要由当地的公司控制开采。市场上只销售成品而不卖原料，使该地翡翠更添神秘色彩。目前，市场上见到的危地马拉翡翠有绿色、紫色、蓝

危地马拉出产翡翠

色、黑色和彩虹系列。该地还发现一种同时可见到银、镍、黄铁矿和黄金、白金包体的独特的翡翠。由于该地翡翠全部天然，没有改善处理的品种，因而受到欧美市场的认同，开始成为缅甸翡翠强有力的竞争者。

第二节
中国集散地

史料记载，翡翠在云南省出产，而且近年来，有个别作者也在书中提出云南出产翡翠，更有甚者将翡翠定义为“云南玉”。经过多年的地质勘探，人们并未在云南境内找到翡翠矿脉，所以云南并不出产翡翠。

早期，翡翠由缅甸进入中国境内，最近的位置在云南。中国边境有一座近五百年历史的文化名城——腾冲，在新中国建国初期，

经营翡翠的商家有数百家之多，形成了比较成熟的加工、销售于一体的集散地。

目前，国内相对集中的翡翠集散地，在云南的瑞丽、盈江、腾冲、昆明，广东的广州、揭阳、四会、平洲（佛山南海），河南的南阳等地。其中，毛料以瑞丽、盈江、平洲居多，其他各处以成品为主。

瑞丽

广州华林

四会天光墟

平洲翠宝园

附：腾冲四大名玉

（1）正坤玉

老华侨王正坤，1910年在缅甸挖得一块大玉料，在勐拱切成八大片，都是种水色俱佳的翡翠，俗称铁化水起绿丝，按当时的工艺，不能做挂件和玉珠等饰品，只能做手镯和其他较高档的艺术品。王正坤曾用其中一片玉料制成手镯，在缅甸高价出售，将其余七片运到了上海。这就是民间所说的正坤玉。

百年来在腾冲市场罕见正坤玉，它堪称上乘，满绿夹艳丝，无杂质，像化学烧料一样。据腾冲一位九十多岁的老行家谈起，其一

国宝《四海腾欢》

生只见过四只正坤玉手镯。

（2）绮罗玉

据传，嘉庆年间，有绮罗人尹文达，其祖上从玉石厂带回来一

块玉石，解开来呈灰暗的黑色，只好扔在马厩里。后来被马踩，崩下一小片，尹文达拾起来看，照起来透明呈翠绿色，摆上台面却不好看。于是，尹文达用它做成一盏宫灯，挂到绮罗水映寺，整个庙内都被映绿了，非常稀奇。尹文达本想将此宫灯进贡皇上，后拿到昆明，巡抚看了说：“好是好，不成双，不如云南货留在云南。”此后，这块玉的其他碎料大都做成耳片，这些耳饰戴着能将耳根映绿。

（3）官四玉

腾冲人官占吉，从二十岁起就到玉石场挖玉，在玉石矿山苦苦熬了五十年，连一块真正的好玉石也没有挖到。一天，七十岁的官占吉坐在山头上遥望家乡，想到自己一生的坎坷，不禁悲从中来，想着想着，竟嚎啕大哭。哭够了，站起来撒了一泡尿，就在这时，奇迹出现了。他的尿竟冲刷出一块带绿色的石头。官占吉仔细一看，竟是一块完整的淡绿色大玉石。此玉的整体都是淡水绿，质量好。时来运转的官占吉将玉运回腾冲，荣归故里。因排行官家老四，便称“官四”，人们就将这块玉称为“官四玉”。

官四玉的特点是水头好，玉质细腻匀净，淡绿色，无杂质，基本看不到色根。

（4）段家玉

绮罗人段盛才，从玉石厂买回一块玉料，一般玉商都把它当成水沫子而不重视。段将其做成手镯，非常漂亮，通透似玻璃又飘蓝花，似绿色的水草在清澈的水中漂荡，几乎人见人爱，其价值逐渐上升，价格随蓝花多少而波动。“段家玉”的美名也随之传开。

第四章 什么是翡翠

第一节

翡翠的形成

翡翠是一种矿物质，它的成矿条件是在低温、高压下，地表深处含有富钠质岩石和多钠长石的岩石，经过地壳运动和地层的大断裂，发生强烈的挤压，进而产生质变所形成的，即岩石变质时钠长石分解成了翡翠。大约一亿八千万年前，缅甸北部雾露河流域，位于印欧板块碰撞的东侧，地质体正好处于低温高压带。因此，缅甸成了翡翠的主产地。

第二节
翡翠的成分

就化学成分来看，翡翠是一种钠铝硅酸盐矿物。

分子式：$NaAl(Si_2O_6)$

平均化学成分：SiO_2：58.28%；Al_2O_3：23.11%；Na_2O：13.94%；CaO：1.62%；NgO：0.91%；Fe_2O_3：0.64%

此外，翡翠还含有金属铬、钽、铁、锰、镍、铜、钛、钒等微量致色元素，这些致色元素使翡翠出现了绿、红、紫、黄、黑、白、蓝等色彩。其中我们把红色称为“翡”，绿色称为“翠”，它们是翡翠中最漂亮的颜色。

致色主要元素：

* 绿色——铬（Cr）

* 紫色——锰（Mn）+铁（Fe）+钴（Co）

* 红色——铁（Fe）

* 黄色——铁（Fe）+钽（Ta）

* 黑色——铬（Cr）+铁（Fe）

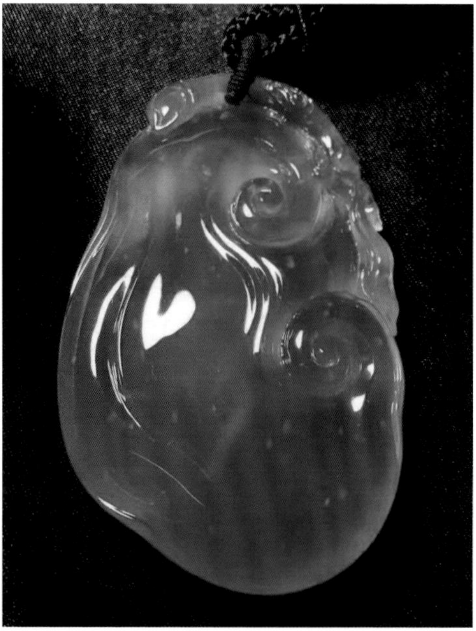

从矿物学的角度来看，翡翠是由无数细小的纤维状微晶交织而成的块状集合体，属于辉石类，单斜晶系，结构以短柱为主，纤维状、毯状为辅。翡翠质地坚韧，有较高的耐撞击力和耐压力。

第三节
相似玉石

经常有人拿着类似翡翠的石头，找到行业内有经验的人士询问其价值，也有人因此而蒙受损失。市面上确实有很多看上去与翡翠相似的玉石，我们在这里列举几种相对常见的玉石：

名称	矿物或岩石名	化学或矿物成分	密度	莫氏硬度	主要产地
水沫子	钠长石玉	NaAl（SiO_8）	2.6~2.8	6	缅甸、危地马拉
玛瑙	玉髓	SiO_2	2.65	6.5~7	世界多国
和田玉	软玉	透闪石或阳起石	2.98	6~6.5	中国、俄罗斯、韩国、新西兰、加拿大
东陵玉	砂金石	含铬云母石英岩	2.65	6.5	印度、中国河南
岫玉	纤维蛇纹岩	蛇纹石集合体	2.6	4.5	中国
独山玉	黝帘石或斜长石	钙铝硅酸盐	2.9	6~6.5	中国

东陵玉

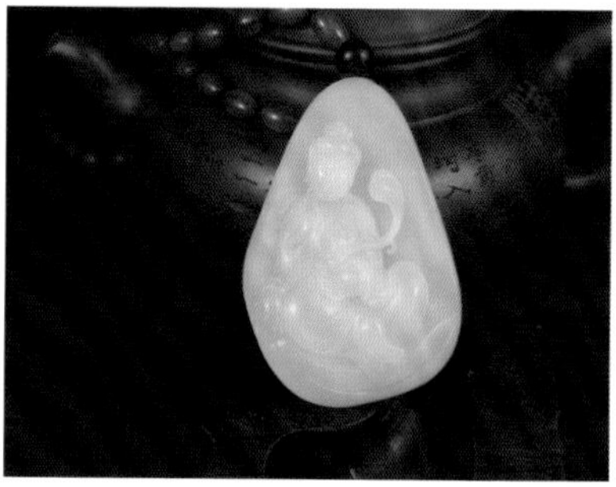

和田玉

独山玉

玛瑙（南红）

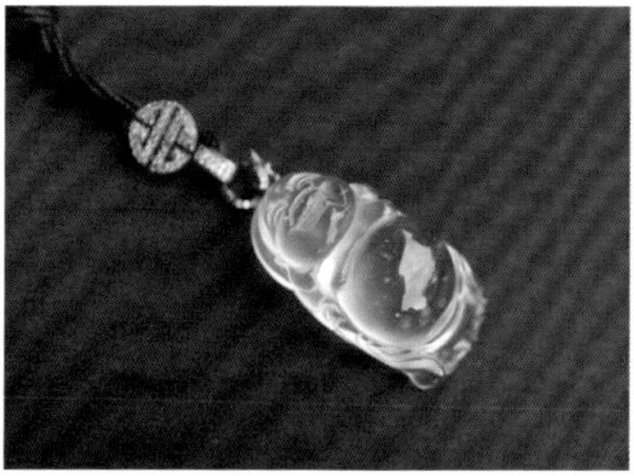

水沫子

岫玉

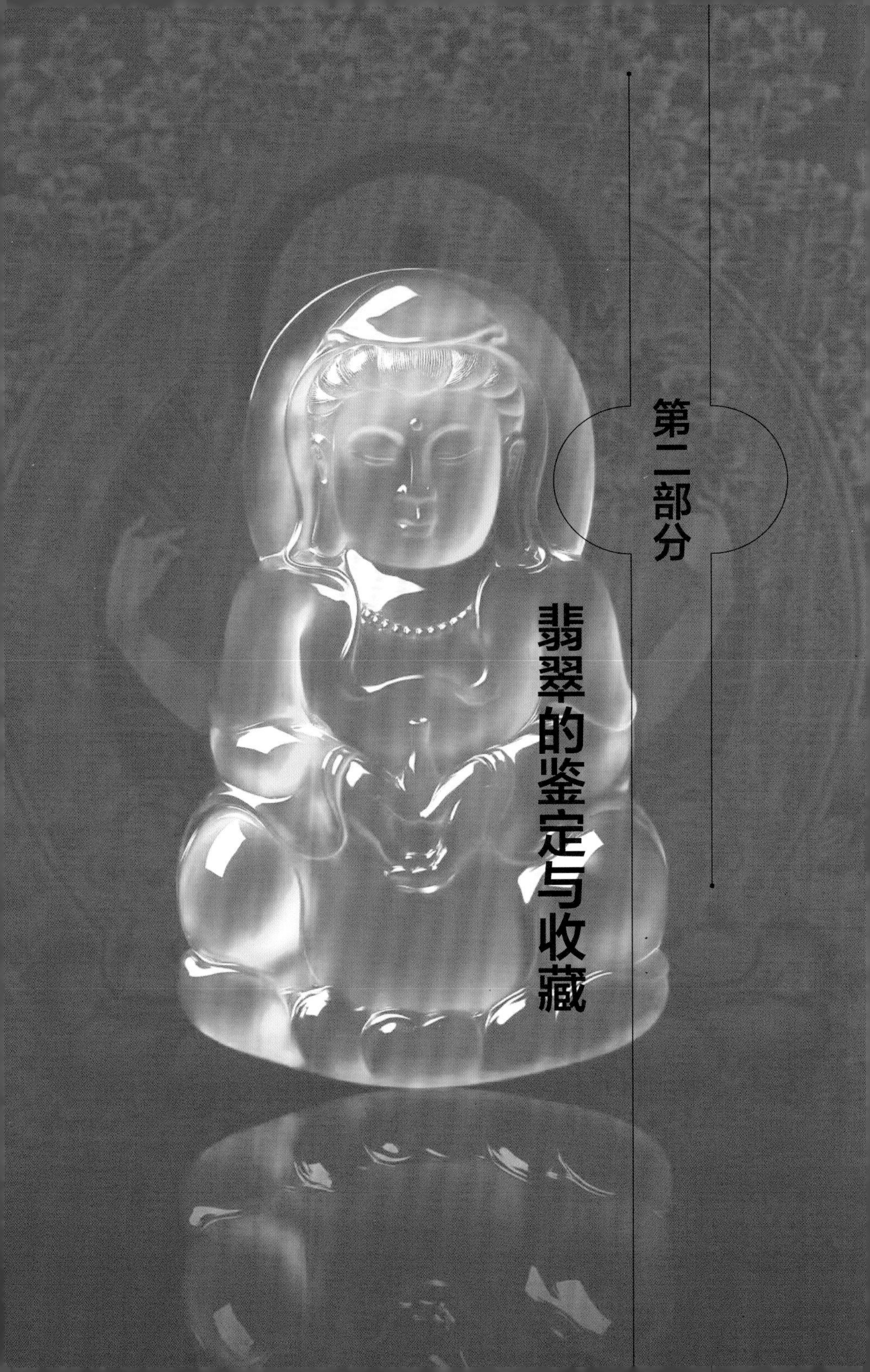

第二部分

翡翠的鉴定与收藏

第五章 为什么要投资翡翠

第一节 投资价值

当前，越来越多的人在解决了衣食住行等基本生活需求后，其消费观念和投资理财方式也正在悄然发生改变，人们对于珠宝首饰的概念已不仅仅局限于穿金戴银，一方面，珠宝翠钻已成为现代人财富、能力和品位的象征，另一方面，贵重宝石的长期投资价值，也正逐步得到重视。

翡翠具有很高的投资价值，能够升值的必须是纯天然的，色、种、水、工等条件俱佳的高档翡翠。

判断何种宝玉石能否升值、升值率有多高，主要从其稀有性、可观赏性、适用性和经久耐用性四个方面加以考虑。

翡翠被称为玉石之王：首先，物以稀为贵，从产地来看，实际上仅有缅甸北部出产宝玉石级别的翡翠，而产地的地质条件十分苛刻。翡翠的化学成分较为复杂，尽管人们进行了很多合成翡翠的努

力，但远未达到令人满意的效果。与之相比，享有“宝石之王”美誉的钻石则成分单一，产地多，人工合成容易。其次，翡翠具有良好的可观赏性，其寓意、气韵、色彩是任何其他玉石无可比拟的。第三，翡翠具有极大的适用性，可用其做成各种饰品，适合不同性别、年龄、职业、文化层次的人士佩戴。第四，翡翠具有耐久性，其矿物结构致密，化学物理性质稳定，越是年代久远，越显现出天然的优良本色。

再者，中国几千年的玉石文化，结合现代的加工工艺，给翡翠增添了更多的文化价值。

就投资的技术而言，投资翡翠比投资古玩等更容易掌握和操作。投资古董、文物字画需要具备较多的专业知识，历史、文化等知识及较强的艺术鉴赏、考证能力，而鉴别翡翠真伪，把握其品质优劣则相对容易得多。

在保存、维护方面，翡翠较古董也便利得多，不需占用大面积的空间，只要懂得简易的翡翠保养及维护的常识，就能完好无损地保存。

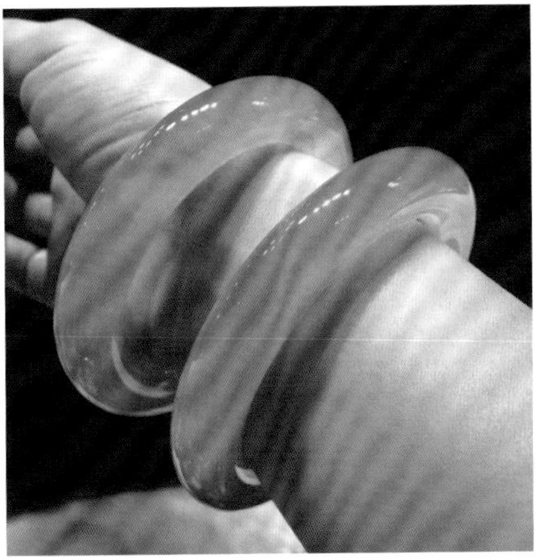

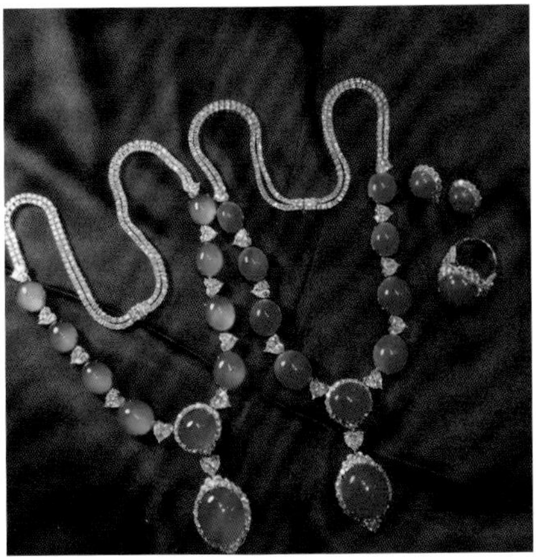

第二节
升值原因

20世纪70年代初至20世纪90年代初短短二十多年的时间内，钻石价格的涨幅为300%，祖母绿价格涨幅为400%，蓝宝石价格涨幅为500%，红宝石价格涨幅为1000%，而高档翡翠价格上涨幅度最大，高达2000%，这并不包括特级翡翠。据有关资料记载，自从翡翠走向世界，在世界贵重的珠宝玉石中，高档特级翡翠未受到世界经济萧条的影响，从20世纪80年代中期至今，特级翡翠的价格暴涨幅度高达3000%。目前，高档翡翠的价格仍在看涨。如果我们回顾得远一些，将20世纪初到现在一百年内的同等翡翠的市场价格作比较，我们马上就能得出结论：现在的翡翠价格与当时比较，简直高得惊人。

翡翠升值还有以下几个非常重要的原因。

（1）一直以来，翡翠的主要消费市场在中国以及全球华人。由于中国文化对世界的影响不断扩大，国外贵族、富豪也都渐渐佩戴、收藏翡翠制品。世界对翡翠成品需求逐年增大，经过近一百年的开采，已经挖掘至地下150多米的深度。矿脉难寻，原材料减少，优质资源近乎枯竭。

缅甸矿区实拍

（2）缅甸是个政治不稳定的国家。政府军与当地武装、各地武装力量间争夺地盘和翡翠资源，战争不断，曾经一度发生战争。这使得普通商人、珠宝商不能直接进入到玉行从产地挖取，或购买翡翠进货的渠道低窄。

（3）由于其他自然资源的匮乏，缅甸政府为了增加财政收入，严格控制翡翠原料出口。缅甸政府每年只对中国国内一些大型珠宝商发出邀请，仅以公盘拍卖方式交易。一些并不大的珠宝商参加公盘交易，就需要交纳5万欧元的入会费。政府直接介入，导致翡翠的价格居高不下，而且只能由大珠宝商注入大资金来经营，由于成本的增加，必然在销售流通中，价格水涨船高。

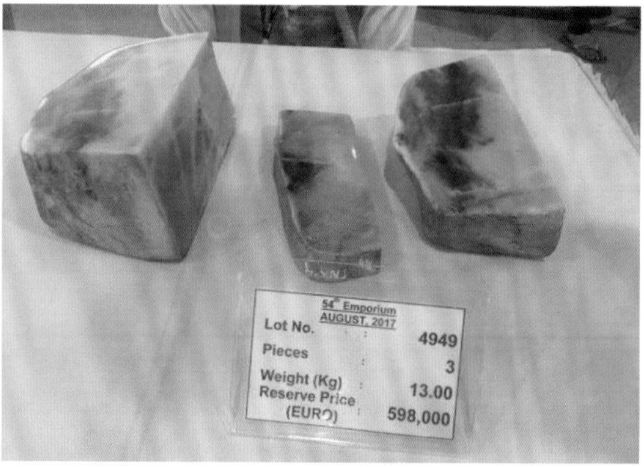
54th Emporium
AUGUST, 2017
Lot No. : 4949
Pieces : 3
Weight (Kg) : 13.00
Reserve Price
(EURO) : 598,000

第三节 拍卖行情

在苏富比拍卖史上，最罕见贵重的翡翠珠项链，就是传奇名媛芭芭拉·霍顿的天然翡翠珠项链。

这串迄今最贵的翡翠饰品，成交价逾2亿元人民币，27颗“老坑玻璃种”帝王绿翡翠，每一颗都是翠绿柔亮，直径从19.2毫米至15.4毫米不等，硕大的分量世间罕有。据说这串珠子出自显赫的清末宫廷，蕴含了从中国清末到20世纪初西方社会的璀璨历史，惊为

天人，引得当时的收藏家激烈争抢！

这串翡翠的主人名叫芭芭拉·霍顿，是美国零售业巨子伍尔沃斯的外孙女，也是西方极少数收藏翡翠的名流之一。当时人们称之为“亿万宝贝”的芭芭拉，21岁就已成为全球最富有的女士之一，叱咤上流社会，一生华服绮丽，藏宝无数。

芭芭拉·霍顿

而这串翡翠珠子的来历，是1933年她与乔治王子成婚时，其父亲特意在卡地亚定制的结婚礼物，对于她来说，极具纪念意义。

帝王绿大方牌（4.79cm×3.2cm×1.45cm，92.90克）

成交价：RMB 1亿3500万

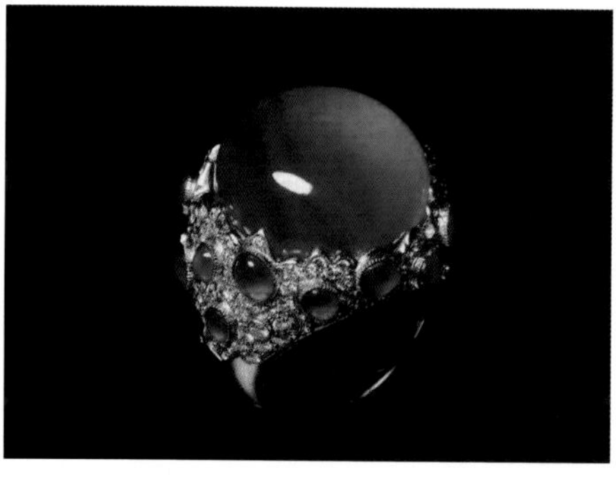

满绿玻璃种戒指（32.94克）

成交价：RMB 552万元

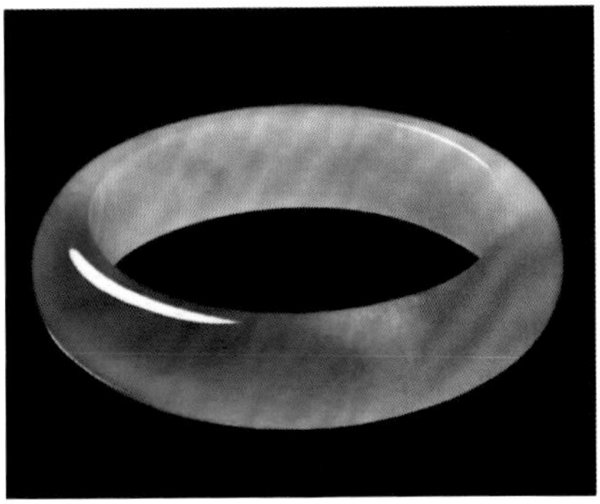

福禄寿三色手镯

内径5.53cm 宽1.5cm 厚0.9cm

成交价：RMB 1725万元

玻璃种飘花手镯

内径 5.48cm 宽1.42cm 厚1.0cm

成交价：RMB 517万元

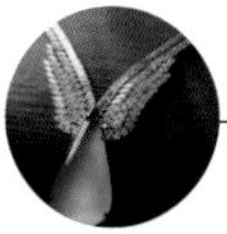

第六章 真、假翡翠怎么鉴定

第一节 真、假货定义

翡翠有“A货”“B货”“C货”“B+C货”之分。

* 翡翠“A货”是真正的翡翠，它的结构、色彩、光泽具有翡翠的天然之美、本质之美，被称为“大地的精华”，“玉石之王”，其制品可长期佩戴、摆放、保存，不会褪色、变色，能保值升值。

* 翡翠“B货”是把种、水、颜色较差的翡翠，经过强酸、强碱

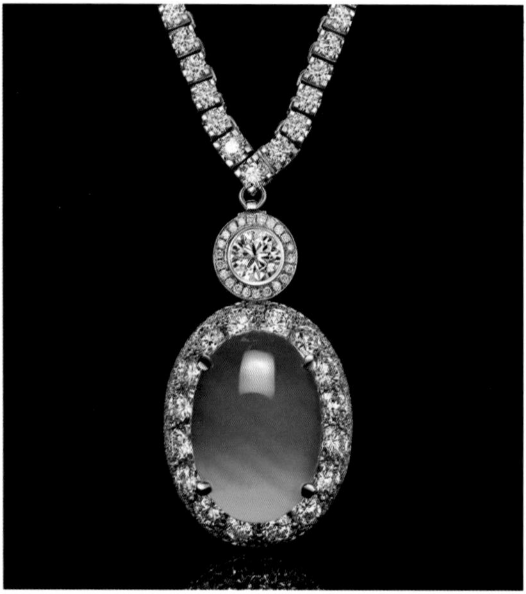

A货翡翠

的腐蚀，使其种、水、颜色得到改善，成为漂亮、无杂质的翡翠。这种翡翠的原有结构受到了破坏，矿物颗粒间的连接强度降低，为了掩盖和弥补这些破绽，制造者会用有机或无机胶在真空高压下作填充处理。但时间久了注胶会老化，龟裂，失去耀眼的光泽，因此

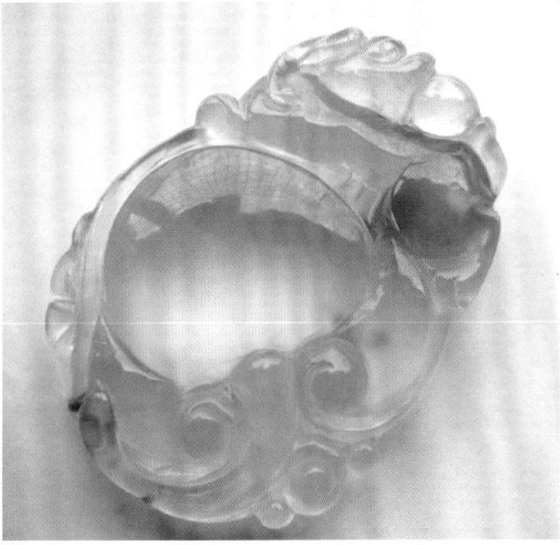

B货挂件

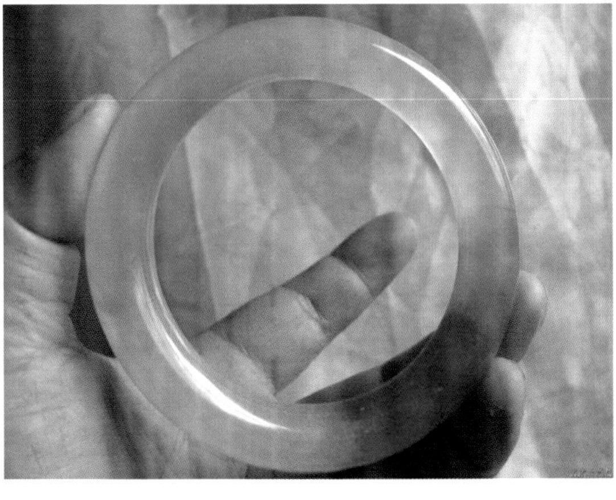

B货手镯

“B货”翡翠没有保存价值。

＊用无色或色淡的翡翠，经过人工染色，成为增强了绿色的翡翠，称之为“C货”。染上的色素只存在于翡翠晶体的裂隙之间或晶体间，不能与晶体融为一体。染色可染成绿色、红色、黄色、紫

C货吊坠

染色吊坠

色，时间长了都会褪色。

*“B+C”货是用低档翡翠经腐蚀、染色、注胶的方法做出的产品，比“C货”档次更低。

简单地说，“A货”是真翡翠，“B货”种、水假，“C货”是假色，“B+C货”种、水、色假。

B+C手镯

第二节
假货特征

和“A货”相比，“B货”有如下鉴定特性。

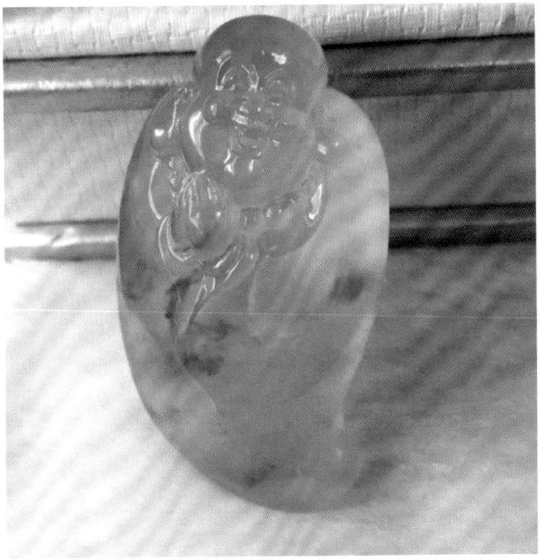

B货吊坠

B货吊坠

B货手镯

①光泽异样，颜色不自然，在高倍显微镜下可观察到注胶形成的小而光滑、具有树脂光泽的橘子皮结构和残留的气泡，反光较弱，呈云雾状。

②因树脂胶比翡翠轻，“B货”会在3：3的比重液二碘甲烷中浮起。

③用细线把手镯吊起，用铁钉轻敲，声音沙哑的为“B货”。（纹多、裂多的“A货”声音一般也沙哑）

“C货”有如下鉴定特性。

①用肉眼观察，会觉得颜色夸张，不正，不自然。

染色挂件

染色手镯

②在透光下观察，或在放大镜（10倍）、显微镜下观察，可以发现颜色不是在硬玉晶体内部分布，而是附着在硬玉矿物的外表，或是堆积、附着在翡翠的微隙间，常呈网状、团块状分布，没有色根。

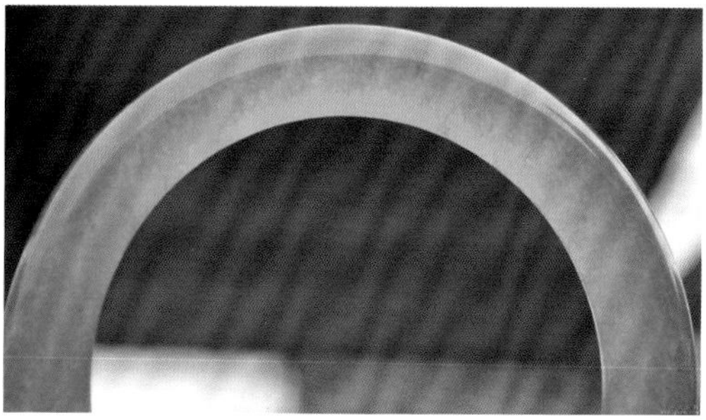

“B+C”货的鉴定特性，就是结合B货、C货的鉴定特性。

第三节
权威鉴定方法

①用红外光谱或拉曼光谱分析，这是目前鉴定“B货”的一种权威的分析方法，“B货”在红外波长2900cm^{-1}附近出现了一个吸引峰，这是由树脂胶引起的。

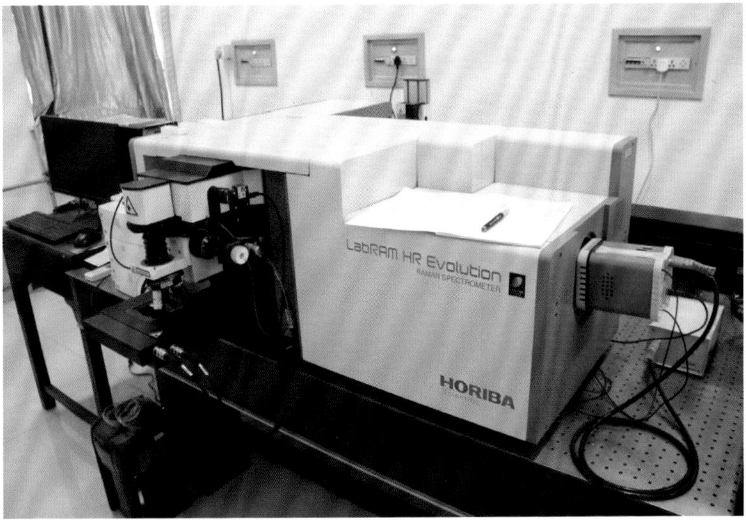

②用紫外线灯照射，或用红宝石滤色镜观察，许多“B货”发黄白色荧光（这是由环氧树脂引起的，若充填物非环氧树脂，则无黄、白荧光）。

③“B货”的折射率大于或小于1.66。

④用查尔斯滤色镜观察，“A货”的绿色仍为绿色，而“C货”的绿色在镜下多呈粉红色、红色。

⑤用分光仪检测，由于“C货”含有大量的氧化铬染色剂，红色区域显出较宽的吸收带，而“A货”的吸收带很窄。

目前市面上有高“B货”“C货”，特征与“A货”极为相似。

时间稍长，“B货”“C货”由于阳光紫外线的照射，玉肉多会发黄，发灰，色泽暗淡。

拿起成品，与眼睛呈45度角观察，如果发现成品表面有牛毛纹、不规则细纹，则极有可能是酸洗、注胶的成品。

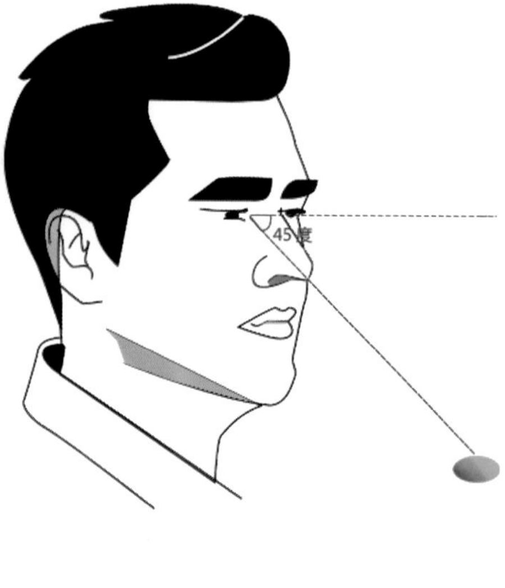

第七章 怎样加工翡翠

俗话说，玉不雕，不成器。

一块翡翠原石，没有好的加工工艺，就会埋没它的价值。当然，玉料不好，雕刻师也不会花太多精力去琢磨，只有到一定级别的原料，经过雕刻师的设计、雕刻、打磨、镶嵌，才能成为人们喜爱的、有灵气的珠宝制品。

市面上有很多种翡翠加工的方法，如手工借助高速牙机雕刻，超声波冲压，数控精雕机立体雕刻等。

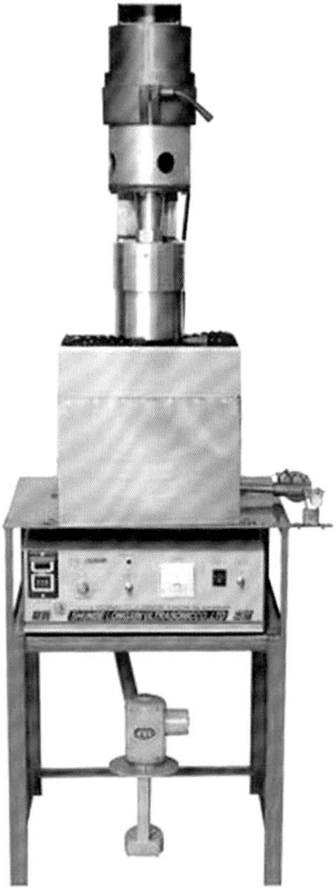

超声波玉雕机

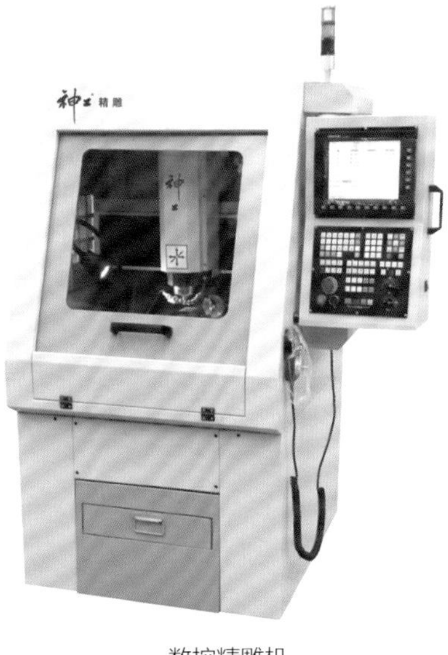

数控精雕机

一件好的玉雕作品，特别是传世之作，一定是经过玉雕师们精心地设计，细致地雕刻，反复地打磨，加上完美地镶嵌，才可以为人们佩戴、收藏。

第一节
设　计

面对一块玉料，我们首先就是要设计最适合它的题材、类型，把它的最大价值挖掘出来。能够把玉料的特点、瑕疵，最大限度地扬长避短，这需要极有经验的师傅相玉、审料、定图。

*设计步骤：

①审料：手镯、戒面、珠子、人物、牌子、花件、随形、山子。

取戒面

人物

摆件

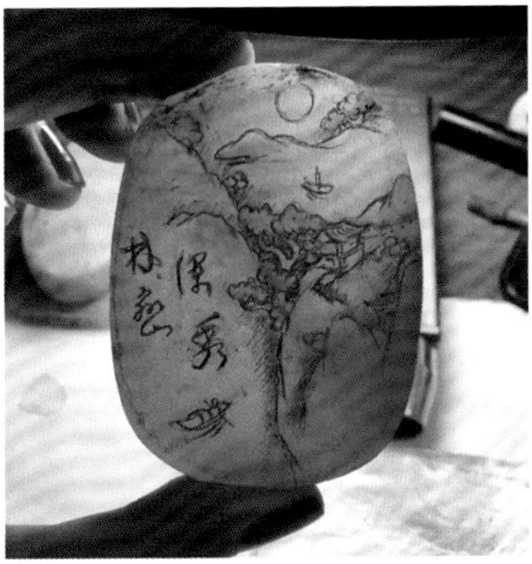

牌子

手镯

珠子

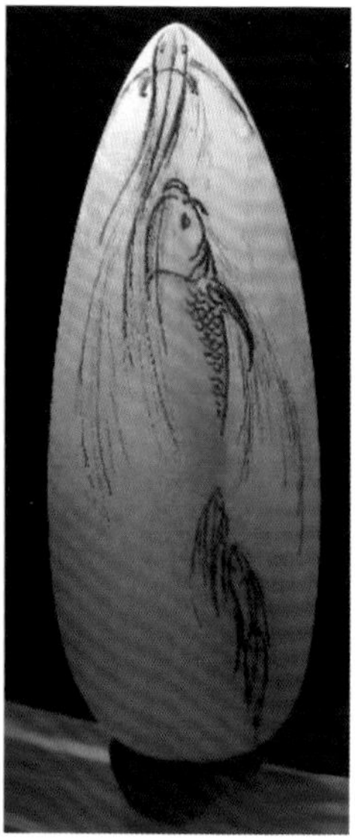
随形

②画图：俏色、避裂。

第二节 雕刻

有了好的设计，没有好的雕刻工艺，一块再好的玉料，也一样可以变成残品、次品。所以，当我们有缘找到一块好翡翠原料的同时，一定要找到雕刻工艺好的师傅加工，不能给难得的翡翠造成损失，给自己带来遗憾。

* 雕刻步骤：打坯、精雕、修细。

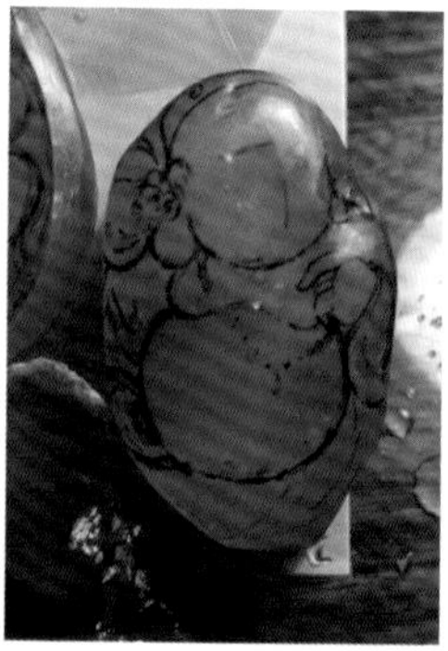

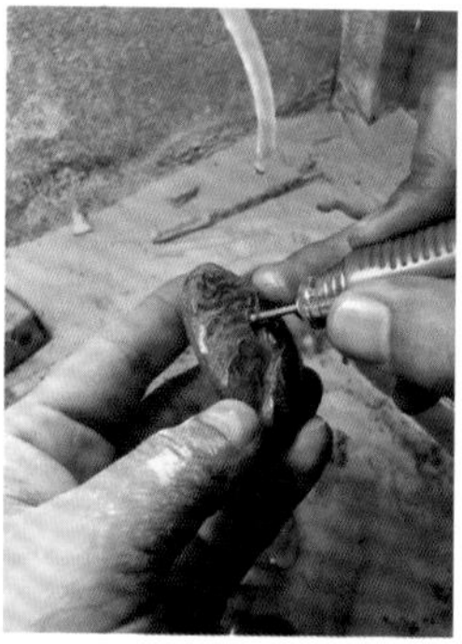

打坯

精雕

精雕

修细

第三节
打 磨

大多数的玩家、收藏家会忽略抛光这个极其重要的步骤。认为只要能打磨得反光度足够就行。所以常常会遇到，一件晶莹透亮的翡翠，佩戴几年后，光泽度变得越来越差。这就是由于打磨的时候，加工厂里省了很多打磨步骤，大的位置抛亮，细节部分往往只作打蜡、上油处理。

* 打磨步骤：

修整、顶铁钉、毛刷、竹签、拉皮、清洗、上蜡、吹干。

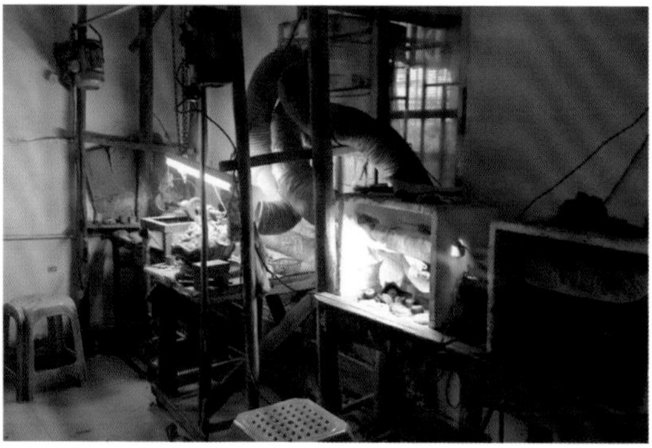

加工车间

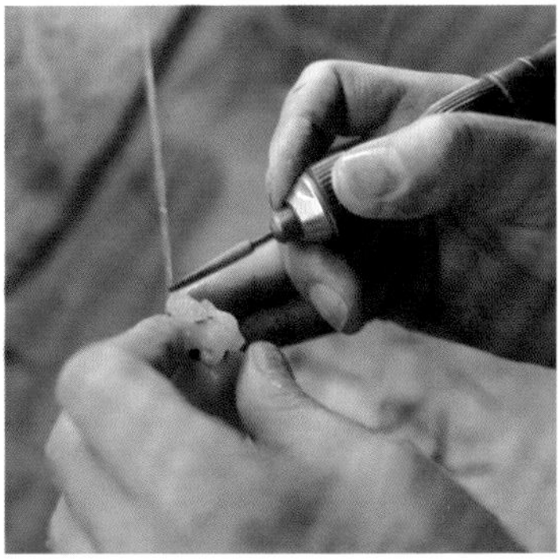

修整

顶铁钉

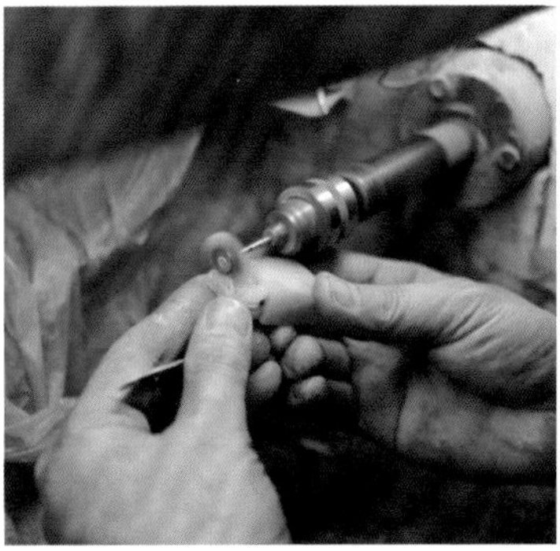

过毛刷

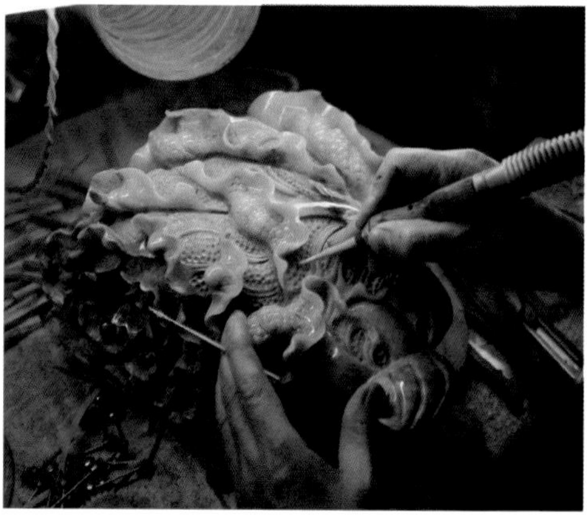

顶竹签

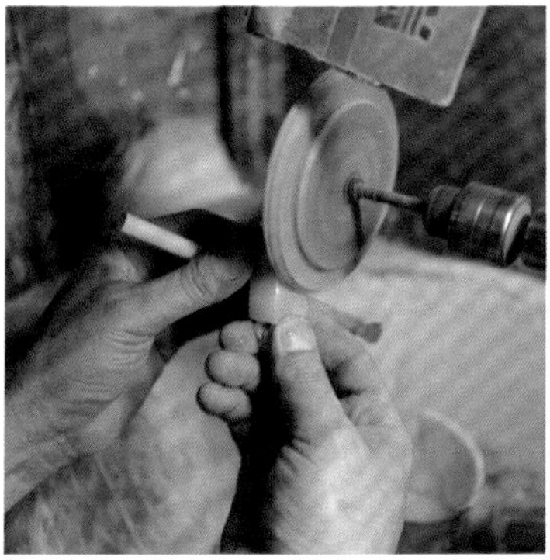

过皮轮

超声波清洗

清洗

震机打磨

第四节
镶 嵌

为了方便人们佩戴翡翠制品，需要给翡翠作镶嵌处理。大多数情况下，人们会选择用18K金（含金量为75%的黄金）作为镶嵌材质，因为它的颜色选择性强（K红、K白、K黄、足黄等）、硬度高、可塑性强。当然，也可选择用纯金和铂金作为镶嵌材料，纯金相对软，镶嵌宝石容易脱落，建议少用。铂金由于熔点高，相比加工工费也偏高，后期也不容易维护，所以用得偏少。

好的镶嵌款式、工艺，可以把翡翠的最大亮点展示出来，有金属光泽的衬托、钻石彩色宝石的点缀，翡翠可以大放光彩。

*镶嵌步骤：

设计、雕蜡、种蜡树、倒膜、执膜、微镶、抛光、电镀、镶石。

加工车间

电脑设计

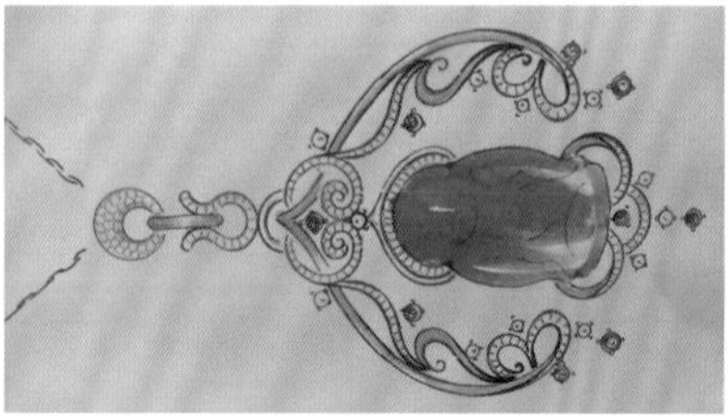

手绘设计

雕蜡

种蜡树

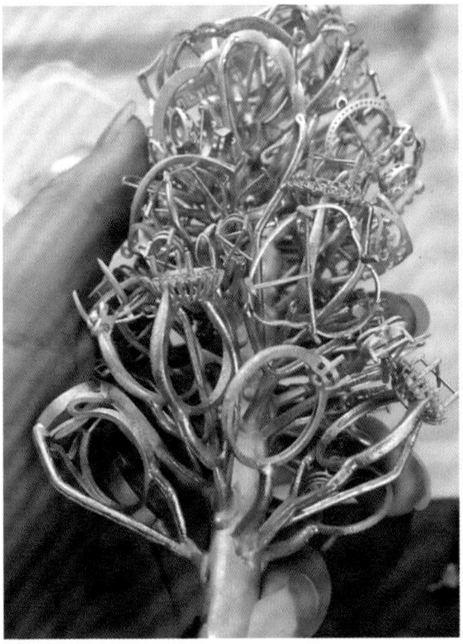

倒膜

执膜

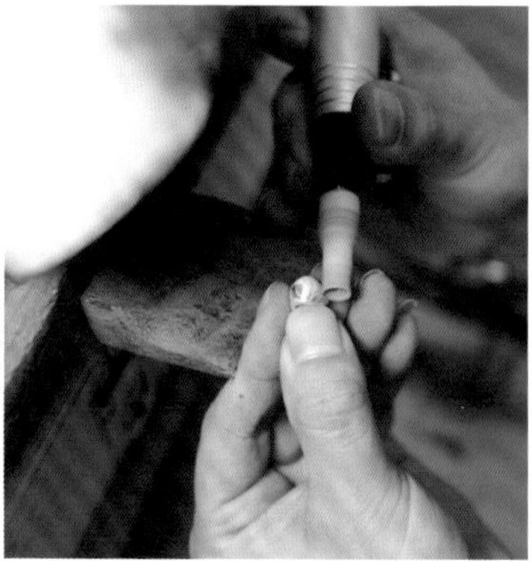

执膜

微镶

抛光

电镀

镶石

第八章 怎样区分翡翠的好、次

没有十年以上的翡翠从业经验，我们很难区分一件翡翠制品的好、坏程度。它需要一系列的标准来衡量，而且由于当下对翡翠好、次的评估机构非常少，这就需要我们平时选购翡翠时，具备一定的收藏常识。

为了让我们更容易地记住相对专业的翡翠知识，笔者将知识点做了很大的精简和总结。

判定一件翡翠作品优劣时，可以从质地、颜色、透明度、净度、地张、工艺、质量和完美度八个方面进行衡量，然后做出综合评价。

观察翡翠品级优劣时，应该选择合适的天气、地点。因为光线对我们用肉眼观察翡翠的颜色有很大的影响，所以我们要尽量选择在晴天13：00—15：30的时间段，以及阳光不能直射的位置。

第一节
种

翡翠的质地，俗称“种”，是翡翠质量高低的重要标志。质地反映了翡翠中纤维组织的疏密、粗细和晶粒粒度的大小、均匀程度。结构致密细腻，晶粒小而匀的质地就好，反之则差。

目前，行业内对翡翠“种”的解释，种类繁多，很难理解。这里我们将翡翠的“种”分为五大类，由好到次依次为：

* 玻璃种，玉肉最细腻，如同玻璃一样，用肉眼看不到颗粒。

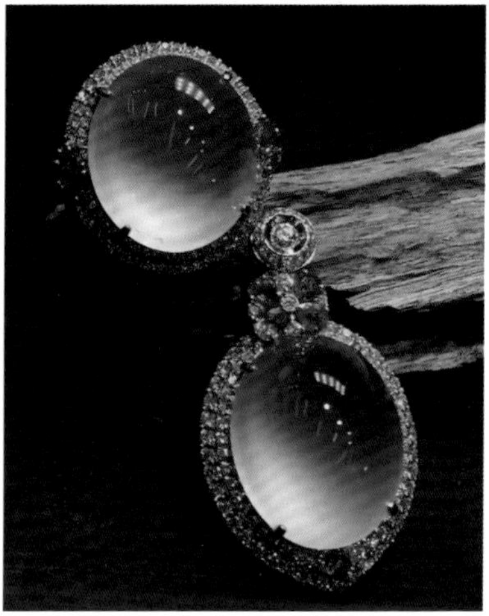

* 冰种，玉质细腻，就像河里结的冰一样，肉眼能看到细微的晶粒，常伴有细纹。

* 糯种，玉肉浑浊，如同煮烂的稀饭一样，有颗粒感，但不明显。

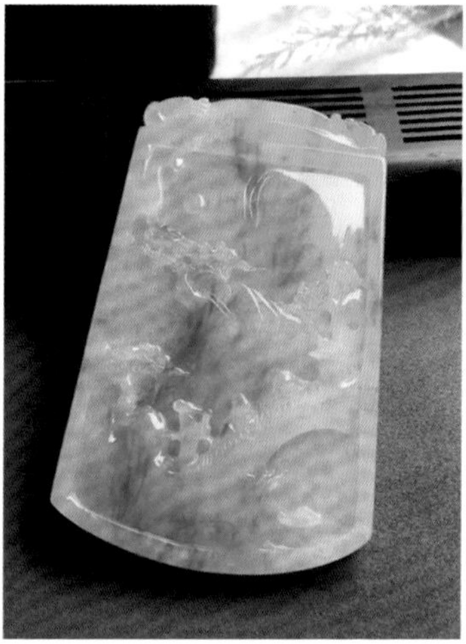

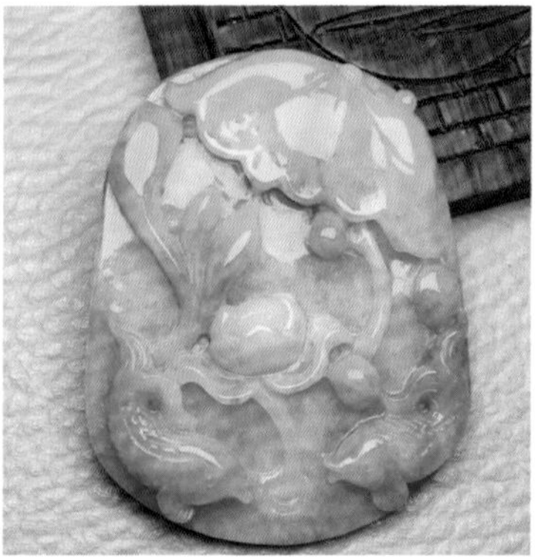

* 豆种，颗粒感明显，能明显看到一粒粒的玉肉组织。

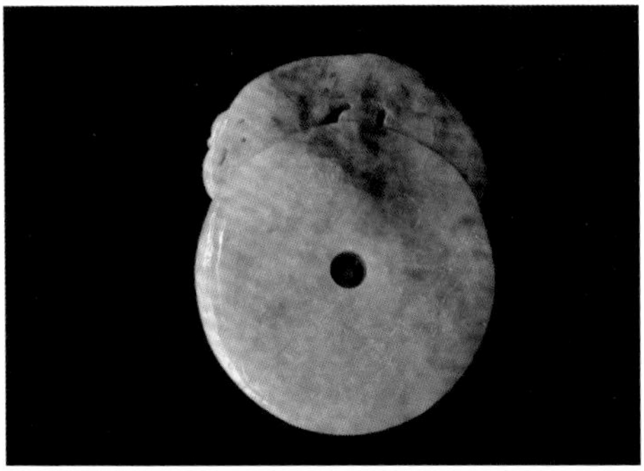

* 瓷种，与陶瓷结构相似，基本看不到颗粒组织。

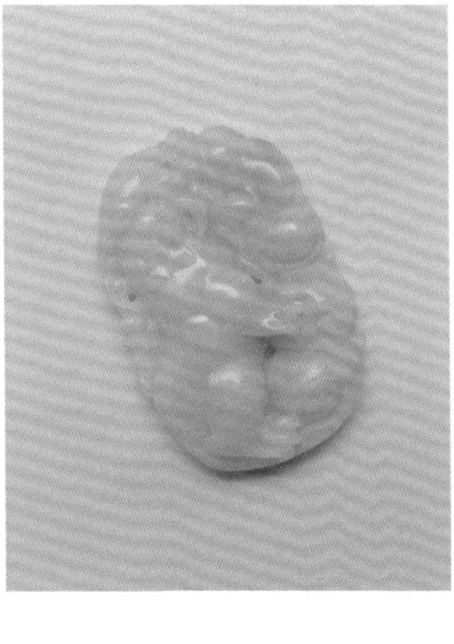

第二节
水

翡翠的透明度，俗称“水”。透明度是光在物体中的透过能力。透明度的优劣，决定了翡翠是否润泽、晶莹、清澈，透明度与质地、颜色及饰品的厚薄因素有关。在翡翠业界，透明度好的翡翠饰品称为水好、水头足等，反之则称水干、水短等。透明度高，则玉件的质量品级高；透明度低，则质量品级低。

透明度由好到次可细分为：

* 透明度高（自然光能完全穿透翡翠作品，并且玉质清晰）。

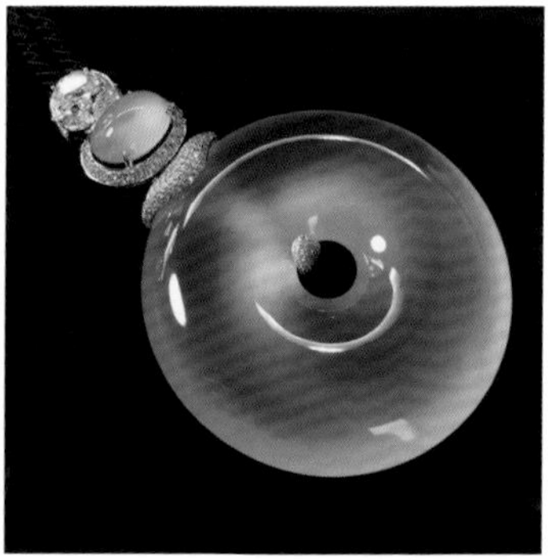

*透明度中（自然光穿过翡翠时，有浑浊状）。

* 透明度低（自然光穿过翡翠，仅能看到微弱的透光）。

*透明度无（自然光不能穿过翡翠作品）。

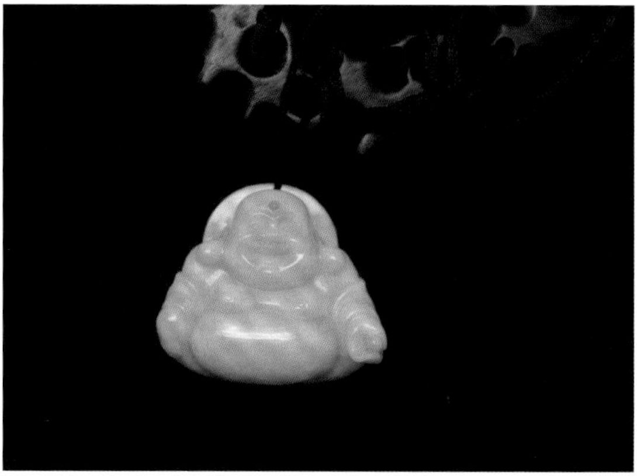

第三节
色

翡翠的颜色，简称“色”。颜色的种类在翡翠中非常丰富。红为翡，绿为翠。在翡翠中还有一些常见的颜色，如黄、紫、黑、白、蓝等。

颜色可细分为以下几种。

*绿色

①阳绿（黄味绿）：

黄味淡

黄味适中

黄味浓

②青绿（深绿）：

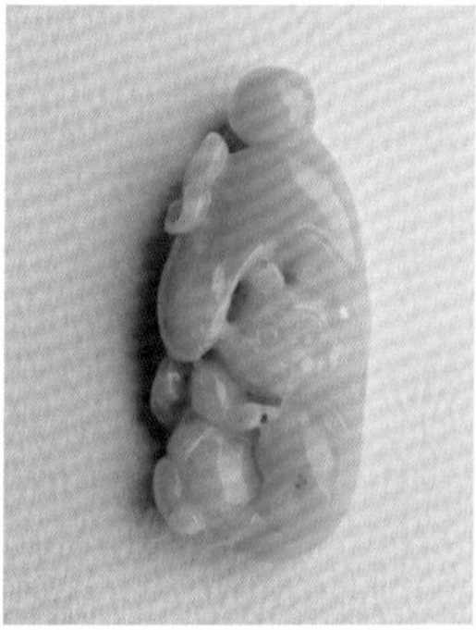

青味淡

青味适中

青味浓

③油绿（灰味绿）：

灰味淡

灰味适中

灰味浓

*红色：

深红

艳红

橘红

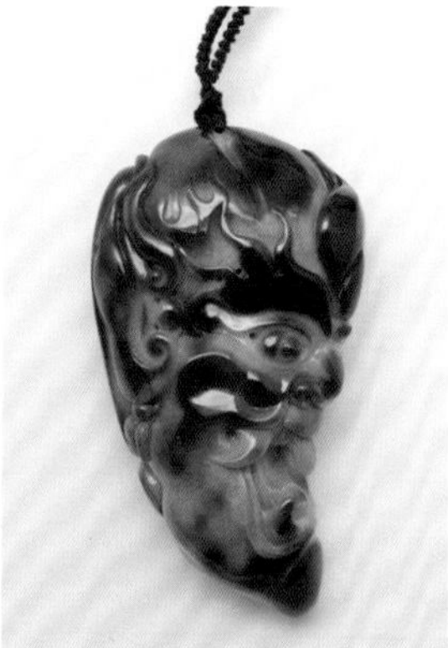

褐红

*紫（椿）色：

①红椿：

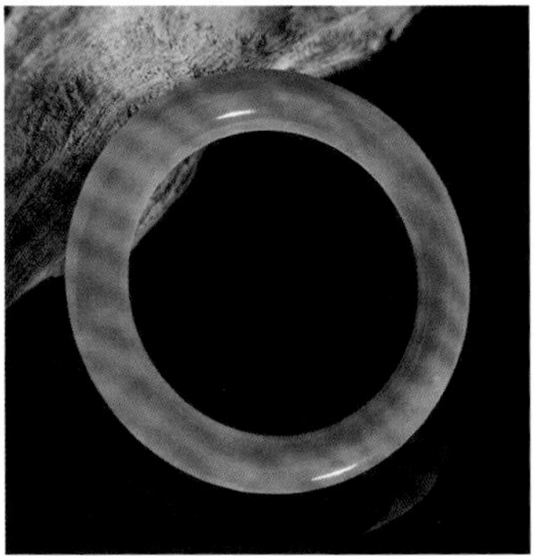

浓

中

淡

②紫椿：

浓

中

淡

* 黄色:

浓

中

淡

* 黑色：

极黑

黑

黑偏蓝

黑偏绿

强光照射下：

绿

蓝

不透光

* 蓝色：

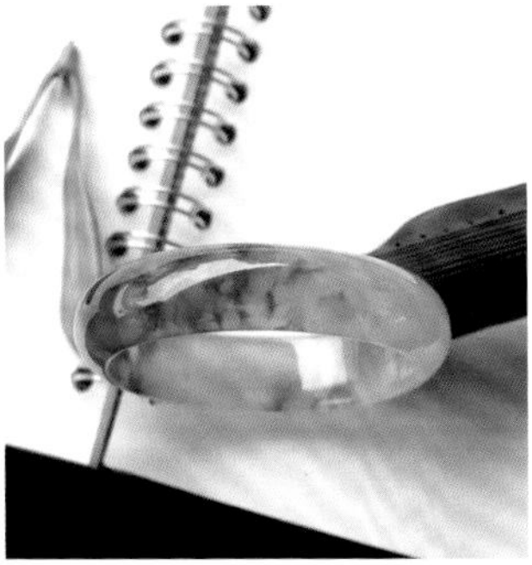

偏绿

蓝

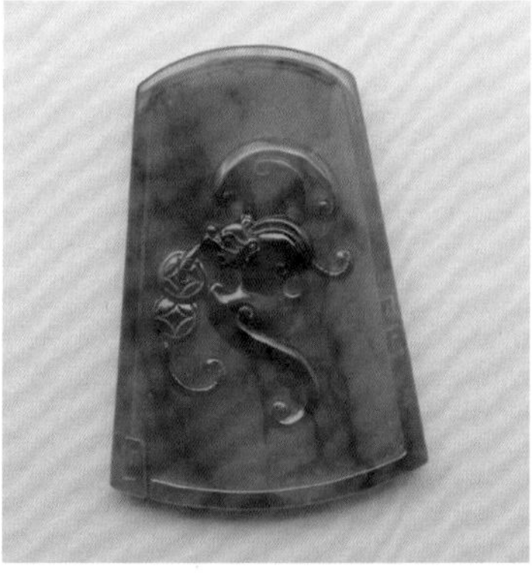

偏灰

＊白色：

无色

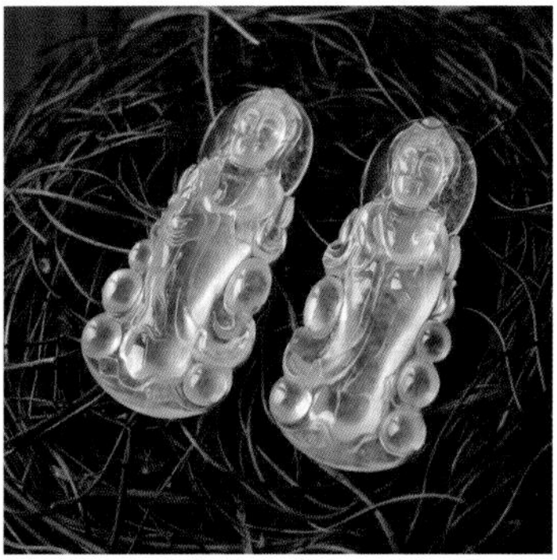

偏白

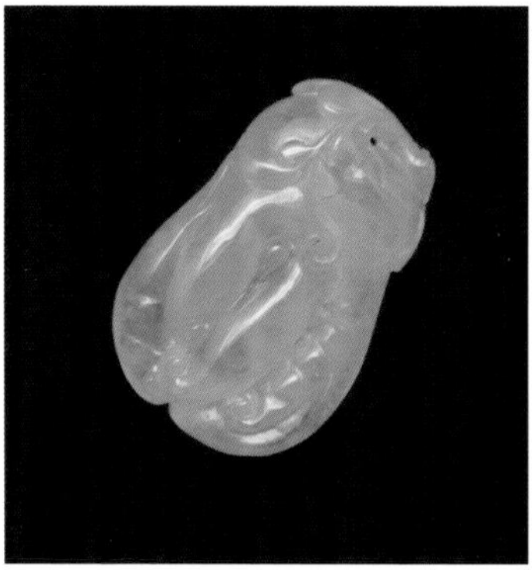

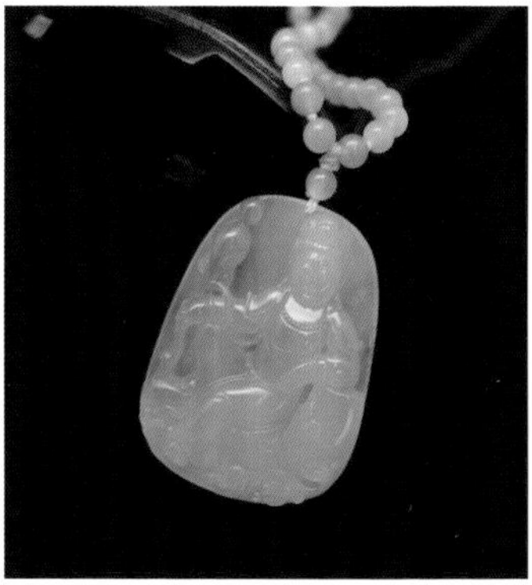

白

很白

颜色的表现形态：通体，团状，带状，丝状。

通体

团状

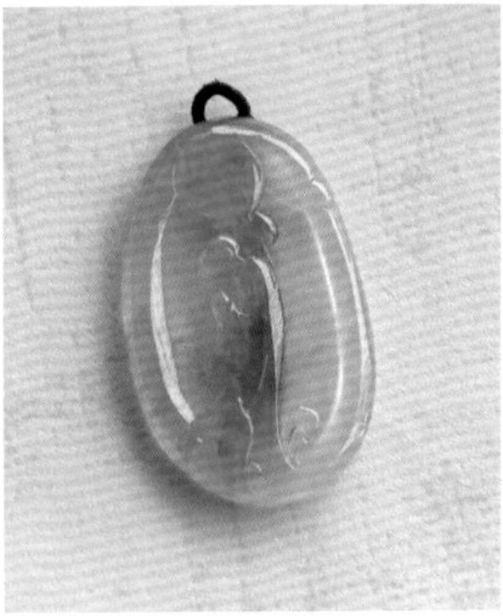

带状

丝状

第四节
瑕　疵

指翡翠的净度，即翡翠质地的纯净程度及完好程度。若翡翠中没有黑色、黑块，没有杂质、白棉，没有裂痕等缺陷，则翡翠的净度高，反之则净度低。

净度由好到次可细分为：

纯净（5~10倍放大镜下，观察不到杂质）；

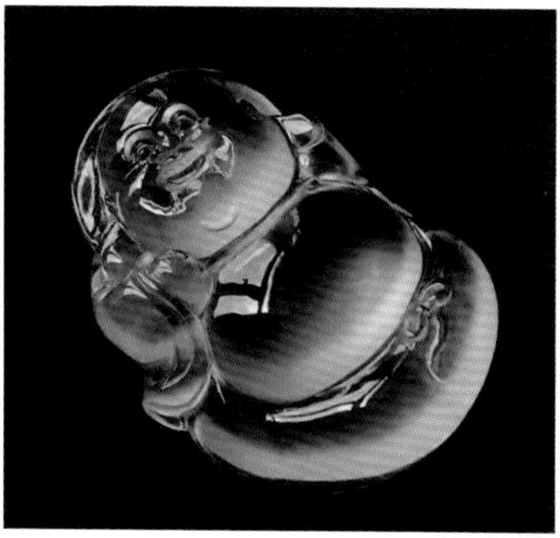

强光见（用强光灯光照射，观察可见杂质）；

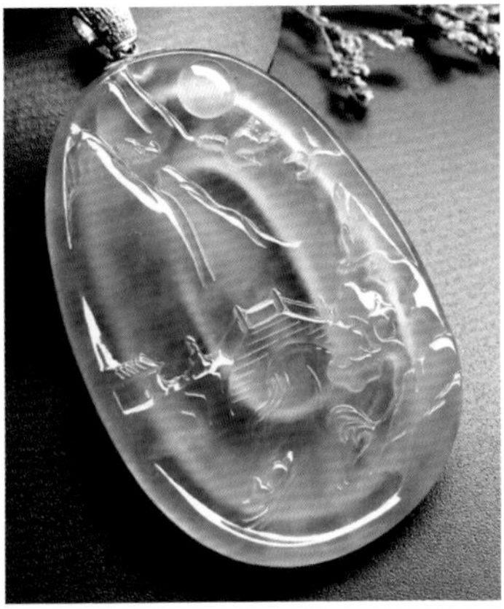

肉眼见（自然光下，肉眼观察可见杂质）。

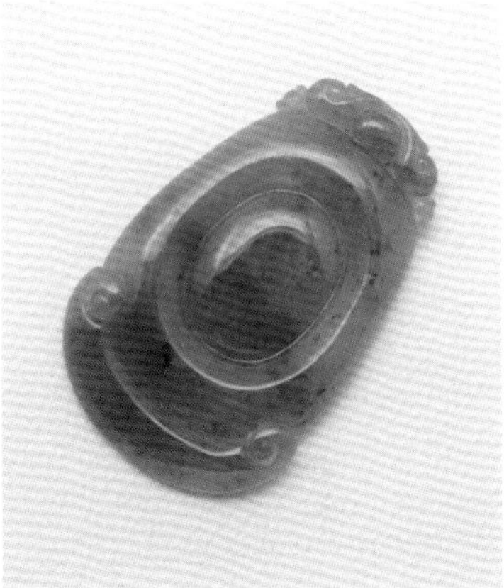

第五节
地　张

又称“底”或“底子”。简要地说，色的载体即为地张——“底”。评价“底”的优劣有以下两项指标。

（1）翡翠中色的部分与绿色以外整体之间的协调程度，即质地、透明度和颜色之间相互衬托的效果。

（2）除色以外的部分（包括其他颜色）的干净完好程度。

地张是一项综合指标，是翡翠种、水、色、净度状况的综合体现，是质地、透明度和净度，同时还包含了色调和颜色的表现特征。

地张由好到次可按以下细分：

完美（玻璃种或冰种+透明度高+颜色纯正+无杂质）；

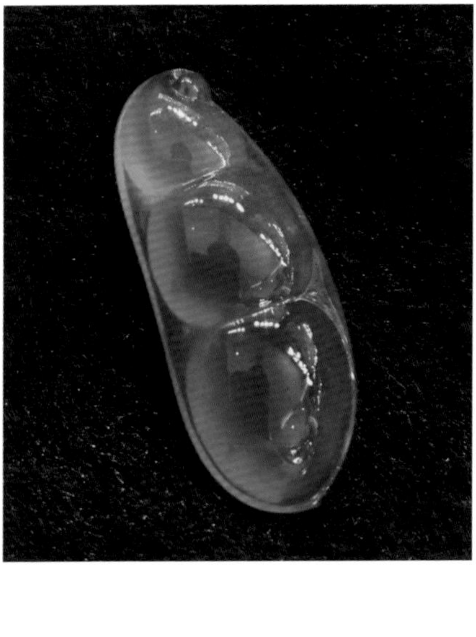

很好（玻璃种或冰种+透明度中+色好+强光下见杂质）；

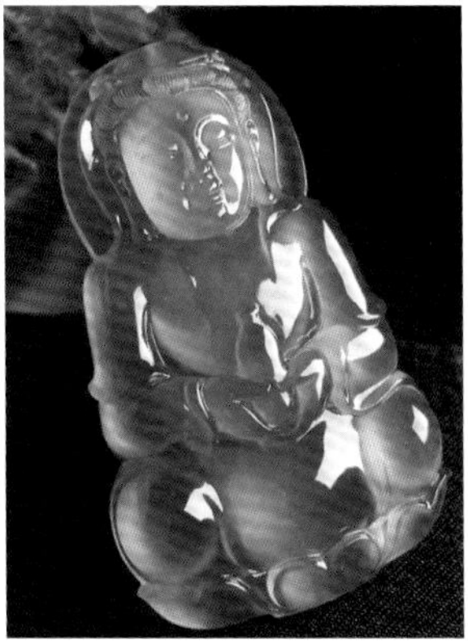

好（冰种或糯种+透明度中+有色+肉眼见杂质）；

差（糯种或豆种+透明度低+无色或色不正+肉眼见杂质）；

很差（豆种或瓷种+透明度无+无色或色不正+肉眼见杂质）。

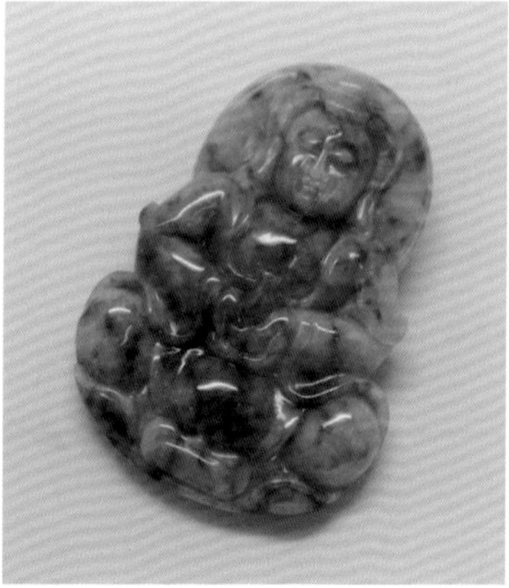

第六节
工

翡翠的加工工艺，简称“工”。包括翡翠饰品的设计构思，图形款式、雕刻制作，打磨抛光工艺的水平。显然，构思独到、高雅，文化内涵丰富，做工精良的饰品，方为质量上乘。

（1）设计工艺由好到次可细分如下：

完美（依据毛料的特点，画出适合的题材图案，对颜色、瑕疵运用极其考究、出神入化）；

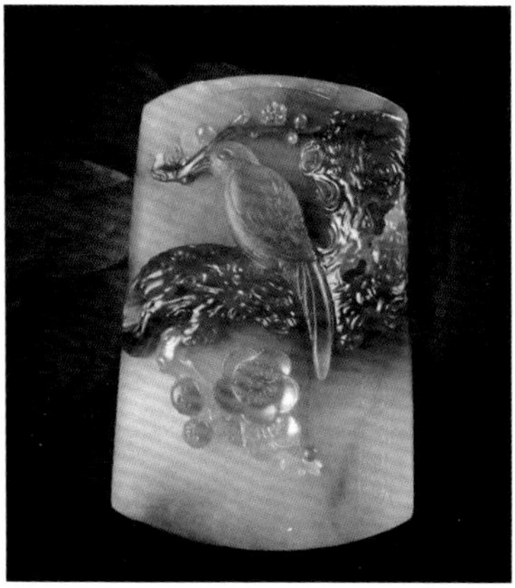

很好（依据毛料的特点，画出适合的题材图案，未作俏色处理，瑕疵运用、遮瑕得当）；

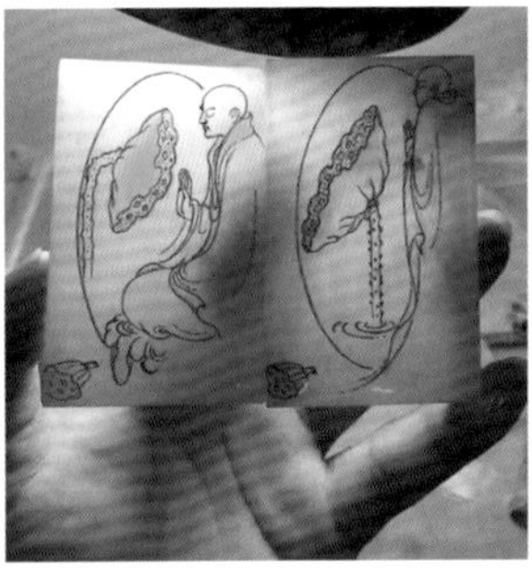

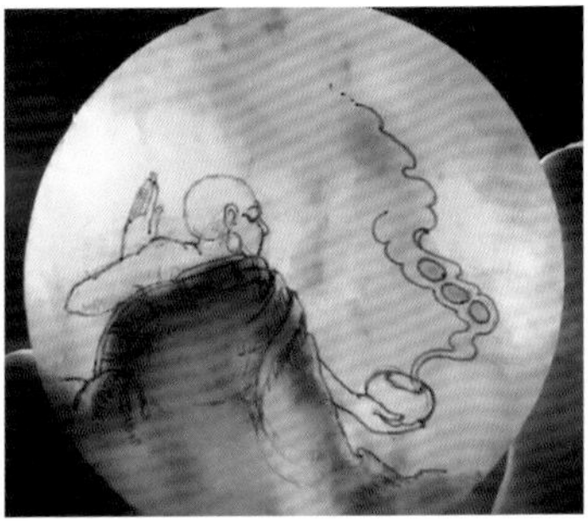

好（依据毛料的特点，画出适合的题材图案，作俏色处理得当，瑕疵处理不当）；

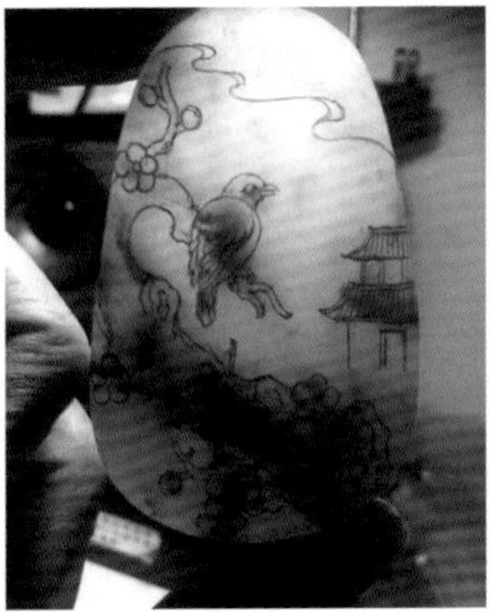

差（没有依据毛料特点设计，未作俏色处理，瑕疵处理不当）；

（2）雕刻工艺由好到次可细分如下：

完美（线条流畅，素面工整、平滑，遮瑕程度无可挑剔）；

很好（线条流畅，素面工整、平滑，强光灯下观察可见瑕疵）；

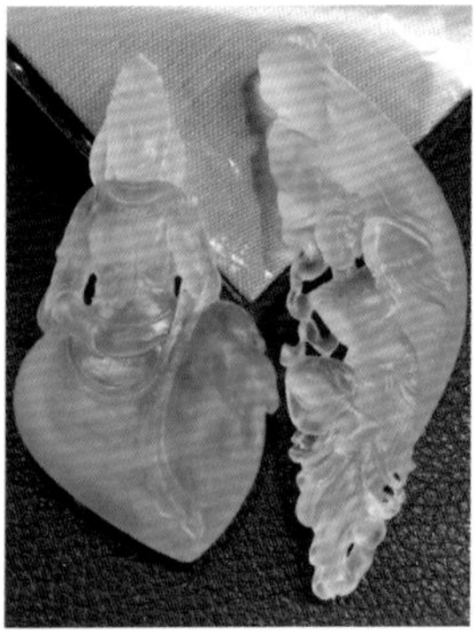

好（线条流畅，素面工整、平滑，自然光下肉眼观察，可见少量瑕疵）；

差（线条不流畅，素面不工整、不平滑，肉眼容易观察到瑕疵）。

（3）打磨工艺由好到次可细分如下：

完美（反光度极高，线条细腻，素面平滑，表面无任何细纹、划痕，凸出图形、凹处与平面连接处位置细腻）；

很好（反光度极高，线条细腻，素面平滑，表面无任何细纹、划痕，凸出图形、凹处与平面相接处位置不够细腻）；

好（反光度高，线条细腻，素面有凹痕，表面无任何细纹、划痕，凸出图形、凹处与平面相接处位置不够细腻）；

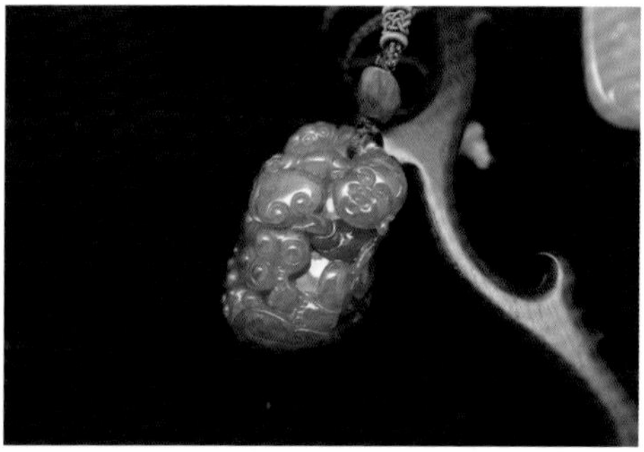

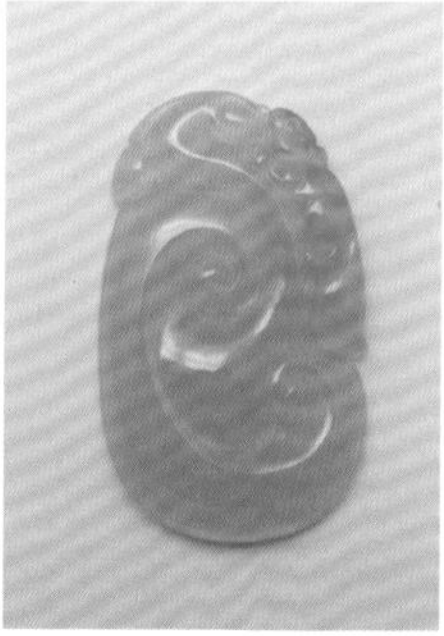

差（反光度差，线条不细腻，素面有凹痕，表面有细纹、划痕，凸出图形、凹处与平面相接处位置不细腻）。

第七节 重　量

对于两块在种、水、色、工艺方面相近或相同的翡翠，肯定是质量大的价值高于质量轻的。

售价2万左右

售价10万左右

售价60万左右

另外，质量也能从翡翠作品长、宽、厚比例的协调程度中体现：适中（雕刻题材相同的长、宽、厚度比例适宜）；

尺寸：55mm×27.6mm×12mm

偏厚（雕刻题材相同的长、宽、厚度比例过高）；

尺寸：57mm × 40mm × 19mm

偏薄（雕刻题材相同的长、宽、厚度比例偏低）。

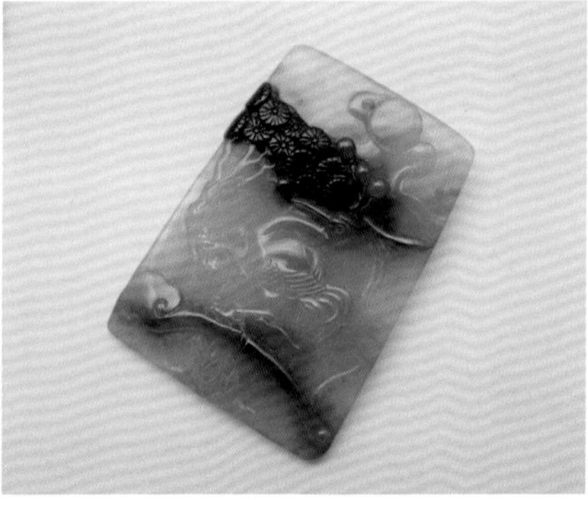

尺寸：56.9mm × 38.3mm × 4.8mm

第八节
完美度

完美度主要是指有关要求的玉件，其大小一致，图案对称或互相协调，成双配套的完好程度。其次是指在饰品制作时巧妙使用玉料，使图形图案构造达到无缺憾的理想程度。

完美度由好到次可细分如下：

完美（戒面、圆珠，上下、左右对称比例一致；配对的两件翡翠，尺寸、质量统一；手镯、纹饰、图案对称一致，大小比例完美）；

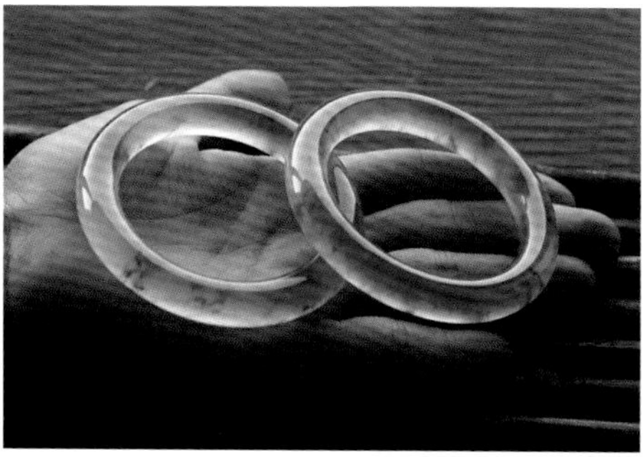

很高（戒面、圆珠，上下左右对称，比例一致；配对的两件翡翠，尺寸、质量差别很小；手镯、纹饰、图案对称一致，大小比例协调）；

高（戒面、圆珠，上下左右对称，比例一致；配对的两件翡翠，尺寸、质量有差别；手镯、纹饰、图案较对称，大小比例较协调）；

差（戒面、圆珠，上下左右对称，比例不一致；配对的两件翡翠，尺寸、质量差别较大；手镯、纹饰、图案不对称，大小比例不协调）；

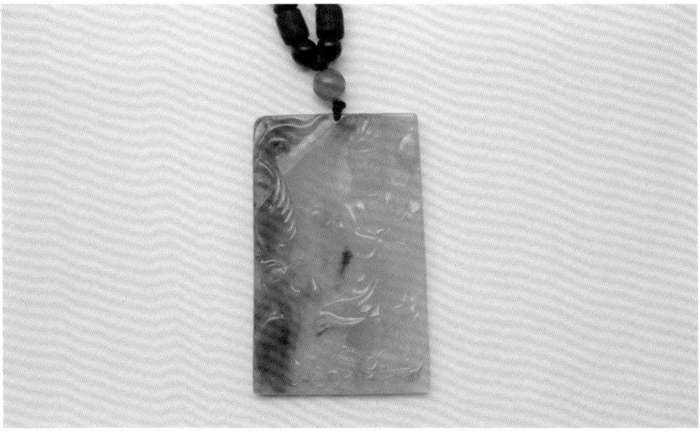

很差（戒面、圆珠，上下左右不对称；配对的两件翡翠，尺寸、质量差别很大；手镯、纹饰、图案不对称，大小比例不协调）。

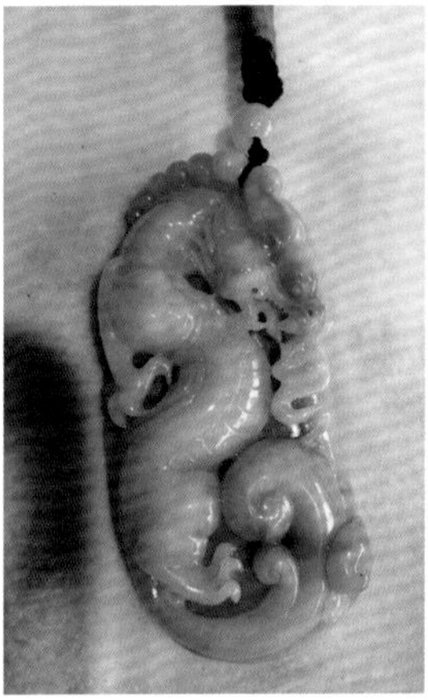

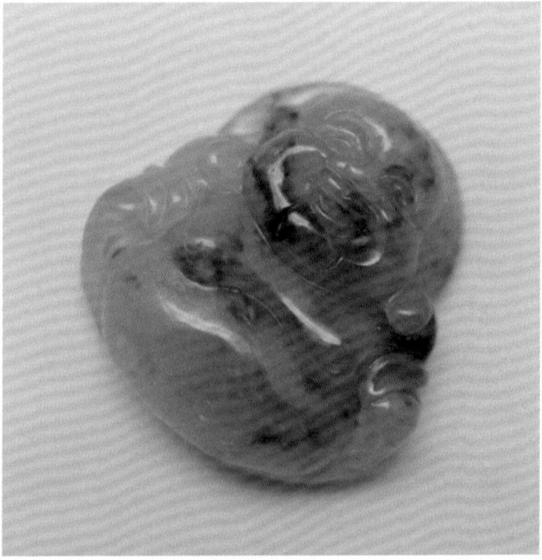

在以上八项指标中，质地、透明度决定着一块玉件是否有“灵气”，是否耐看，而颜色则常常决定了玉件是否高贵。只有既具备好的颜色，又具备“灵气”，加上好的工艺，才能显示出翡翠的高贵和典雅。综合评价的原则是：运用上述八项指标衡量翡翠时，优点越多，品级越高，价格也越高。

附：作者2009年曾从一玩家手上，匀过一件翡翠观音。按照当时大多数人的看法，600元都感觉贵了。因为此挂件的雕工很差，打磨工艺也很差。但是笔者认为它地张好，而且质量、厚度够。后来找雕刻师沟通，重新设计、雕琢，打磨抛光，后在上海以42000元出让给某珠宝商家。由于时间久远，图不知所存，不然就是非常好的教材了。

第三部分

附录

附录A

常用术语有哪些

一、赌石类

①神仙难断寸玉：主要是指人们在挑选翡翠毛料时，任何人都没有绝对的把握。原石绝大部分都有一层皮壳，即使使用聚光电筒和X射线，都不能准确分析玉石内部情况。因此，只能通过对皮壳的认识，大致判断玉质的好坏，这样的交易叫堵石，风险很大。一些有多年堵石经验的老行家也会失败，因此有“神仙难断寸玉”一说。

②宁买一条线，不买一大片：选购翡翠原石时，有些堵石在表面可以看到一条绿色的带子，还有些原石开窗后，可以看到带状色

条。大多数情况下，这样的原石绿色会进入翡翠内部。而有些原石在表面可以看到一片绿色，或者堵石开窗后，绿色呈片状。但很多时候绿色并没有进入玉质内部，只在表面有。

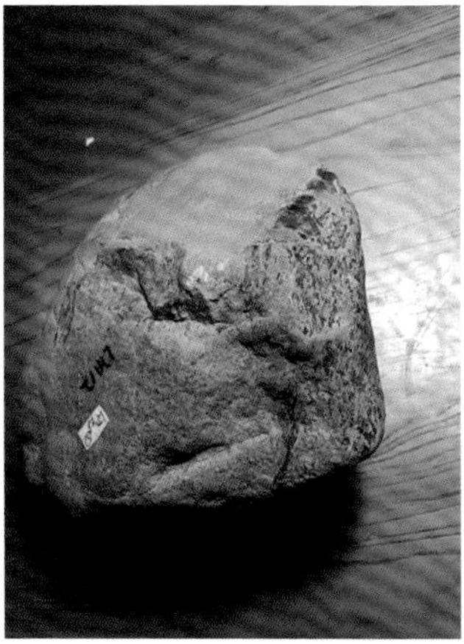

③一分水：看毛料时，“一分水”就是光线能穿透3毫米厚的翡翠，且呈半透明状，“二分水”是指光线可以穿透6毫米厚的翡翠。

④苍蝇翅：“翠性”，指毛料断面的晶面、解理面的反光；颗粒较粗的成品，有时也能见到“苍蝇翅”现象。

⑤场口：后江、帕岗、磨西沙、木纳、大马坎等，说的都是缅甸翡翠的产地、矿区、场区。

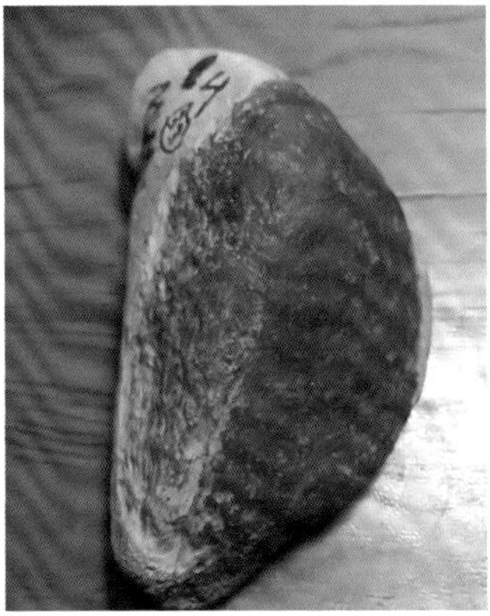

大马坎场口

会卡场口

磨西沙场口

⑥全赌料：业内多把原石和开了小窗的原石称为全赌料。

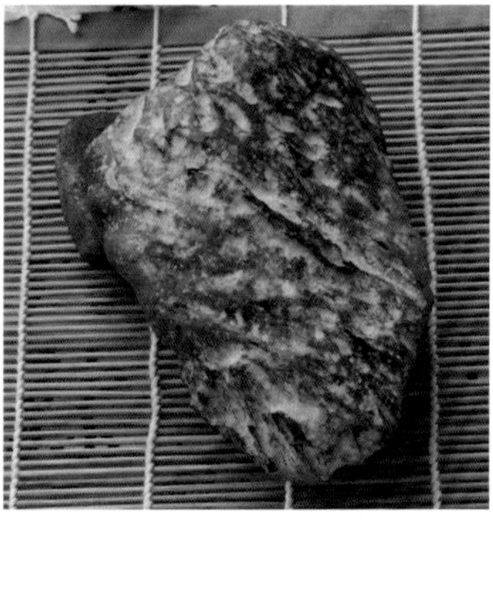

⑦半赌料：业内多把开窗的原石，或是切开一面的原石，称为半赌料。

⑧明料：切开的毛料和已经切成片状的毛料，称为明料。

二、成品类

①毛货：雕刻后，未打磨抛光的半成品。

②摆件：也称山子。是玉石雕的题材，一般是指大的雕件，用作摆放的玉件。

③牌子：设计、雕刻时，将四四方方的挂件称为牌子。

④花件：平安牌、方牌、子冈牌、如意牌等，都称为花件。

⑤随形：一种是由于原石品质很好，雕刻会损失材料，只把原材料打磨成型的玉件。一种是由于玉料不大，不能雕刻其他题材，只做修型和线条处理的玉件。也有人用料子随型雕刻人物。

⑥月下美人，灯下玉：是说月光下的女人，不能观察清楚其形象，更多的是蒙昽美；灯下的翡翠，由于光线强，反射光刺激眼睛，对翡翠的颜色、瑕疵等不能观察清晰。该术语告诫我们，挑选翡翠时，不要在灯光下，要在自然光下观察。

三、真、假类

鉴定证书：权威鉴定机构，对翡翠真假给出结论，并出具的证明书。假货同样可出证书，会标明“处理”。证书不是鉴定真假的唯一途径，假证书的成本低，不法商家在利益的驱使下，会为“B货”“C货”出具真翡翠的鉴定证书，欺骗消费者。

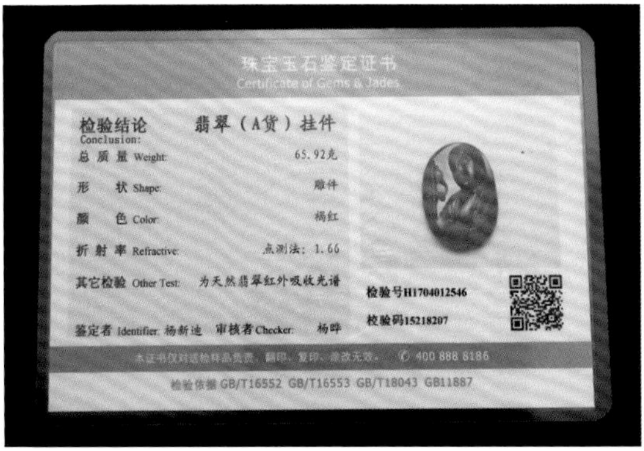

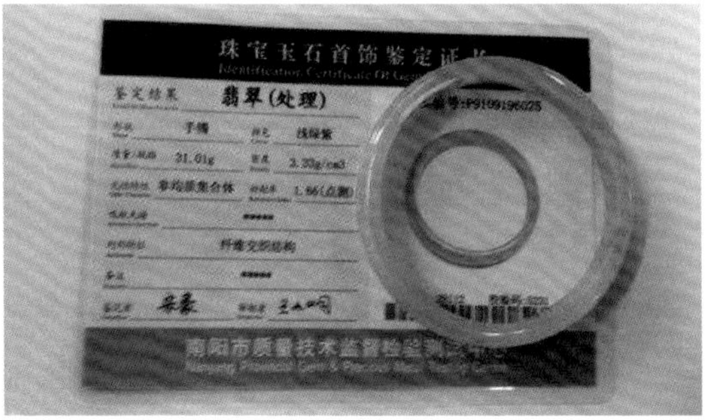

四、作品优、劣类

①避裂：设计雕刻时，把玉件里的细纹、裂利用花纹遮盖技法掩饰过去。

②老种、种老：玉质细腻，肉眼不易看到结构，业内称玉件老种、种老。

③新种：肉眼可看到玉质颗粒感较明显者，我们称这样的玉件是新种翡翠。也有不良商家把“B货”“C货”称为新种翡翠。

④种嫩：玉质颗粒感较明显，我们称玉件种嫩。

⑤水足、水长：透明度高的玉件，我们称为水足、水长。

⑥水干、水短：透明度差的翡翠，我们称为水干、水短。

⑦刚性：指成品的折射光，且光感清晰、锐利。

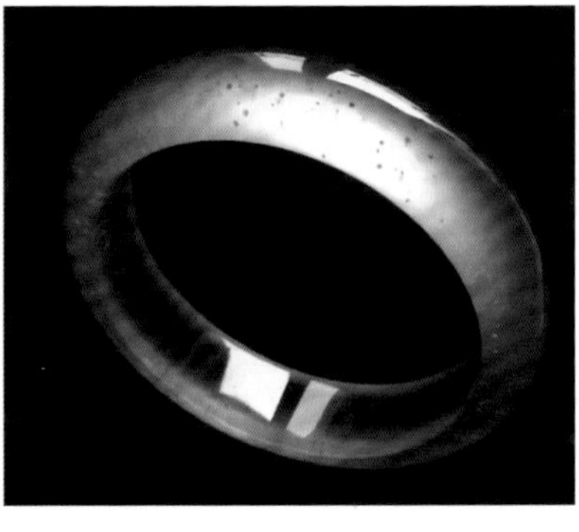

⑧起胶：成品柔和、有朦胧的折射光。

⑨钢音：用玛瑙棒或翡翠成品敲击翡翠作品，所发出的清脆声音，一般出现于手镯和吊坠。

五、颜色类

①色根：玉件有颜色分布时，颜色有深有浅。在颜色浅与深的过渡位置，我们把颜色深的位置，称为色根。

②高翠：业内多将翡翠颜色中鲜艳的绿色，称为高翠。

③椿带彩：我们通常将一件带有紫色、绿色的翡翠，称为椿带彩翡翠。

④三彩、福禄寿：同一件翡翠上面，有红、绿、白三种颜色，有时也将有三种颜色的翡翠称为三彩或福禄寿翡翠。

⑤福禄寿禧：指同一件翡翠上，有红、绿、白、黄四种颜色，也将有四种颜色的翡翠称为福禄寿禧翡翠。

六、地张类

①癣：指翡翠原石表面的黑色或灰色砂粒，也指成品上的黑色杂质。

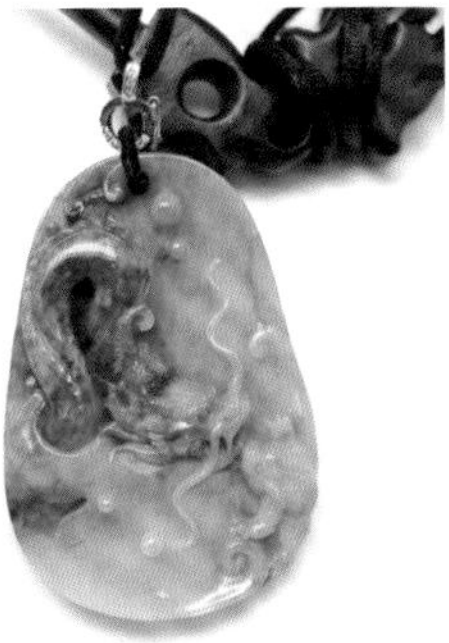

②雾：翡翠原石表皮与玉肉之间的内层皮，也指成品上的一种分布均匀的白棉类杂质。

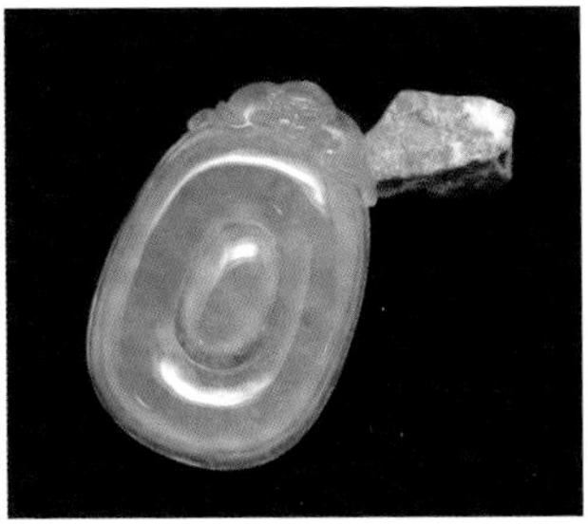

③俏色巧雕：设计、雕刻时，将有色或杂质的翡翠部分，用一

种或多种图形、图案表现出来的形式。

④帝王绿：种老、水足，绿色既不偏黄，也不偏青。

⑤蓝水：种老、水足，颜色偏蓝调的翡翠。

⑥晴水：种老、水足，颜色偏淡绿调的翡翠。

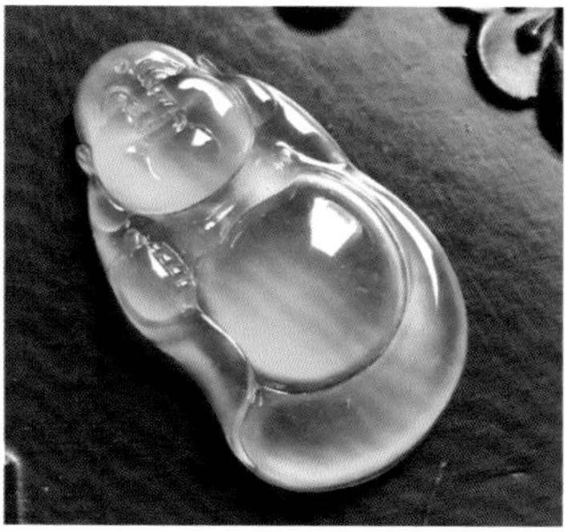

⑦龙石种：种老、水足，绿色与玉肉完全融合的翡翠。

⑧雷打种：玉肉上布满碎裂的毛料。

七、报价类

翡翠报价时数额用小、中、大表示，有小指123、中指456、大指789之分。

报单位时用三、四、五、六、七、八表示，三指百位，四指千位，五指万位，六指十万位，七指百万位，八指千万位。例如，小三就是（1、2、3）百，中五就是（4、5、6）万，大七是（7、8、9）百万，以此类推。

又如，一件作品报价中四，就是（4、5、6）千，具体是几千，就需要具体商议，在不确定买家是否一定会购买时，卖家的报价一般就较模糊。

小中四就是四千的价格，报价大五，就是九万多的价格。

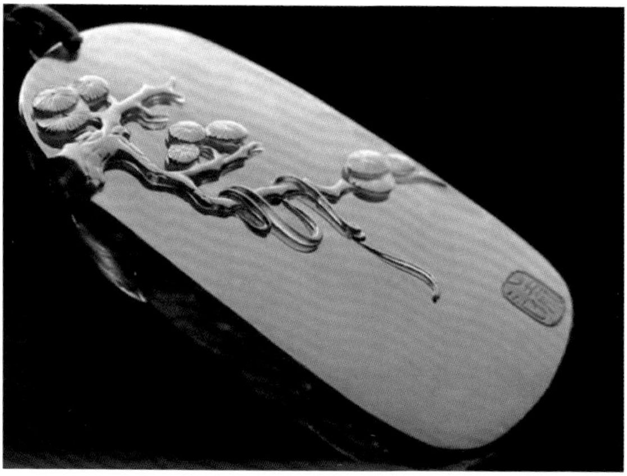

附录B 题材寓意是什么

一、观音、佛

所谓“男戴观音，女戴佛”，实际上是民间的一种祈愿。“男戴观音”，主要是因为过去经商、赶考的都是男子，常年出门在外，并且男子往往性格较为暴躁，而观音菩萨造像多为女相，观音又是慈悲柔和的象征。男人多戴观音，是让男人少一些残忍和暴力，多一些像观音一样的慈悲与柔和，自然就会得观音保佑，平安如意。

“女戴佛”的“佛”指的并不是佛陀释迦牟尼，而是弥勒菩萨，并且是大肚弥勒菩萨的造像。因为古人认为女人比较小心眼，而大肚弥勒菩萨的造像是笑脸大肚，寓意快乐有度量，因此“女戴佛”则是希望女人能够多一些平心静气，心胸豁达，要像弥勒菩萨一样肚量广大，自然得到菩萨保佑，快乐自在。

其实，观音玉佛男女都可以佩戴，翡翠讲究的是缘分，喜欢就好。玉文化发展受佛教影响很大，有专门机构研究、开发佛教珠宝，其中以观音和大肚佛挂件比较受欢迎。观音和佛都是男女信徒祈求吉祥幸福、消灾免难的神；有些男士也喜欢笑口常开的大肚佛，因为大肚佛“笑对人生，包容大肚”，可以从容应对各种局面。

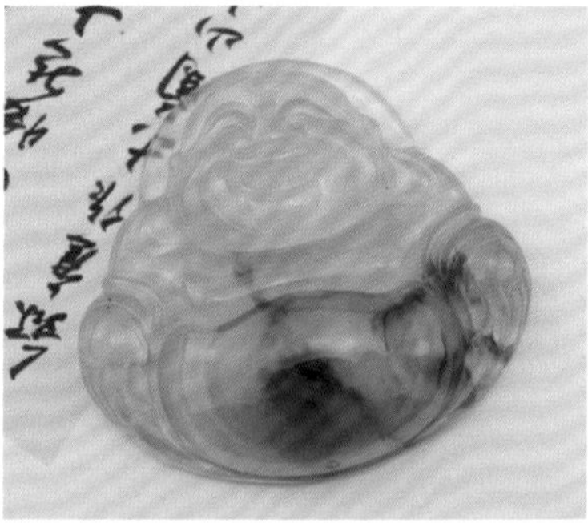

本命佛：

大势至菩萨（属马人本命佛）

阿弥陀佛（属狗、猪人本命佛）

不动尊菩萨（属鸡人本命佛）

文殊菩萨（属兔人本命佛）

大日如来（属羊、猴人本命佛）

虚空藏菩萨（属牛、虎人本命佛）

千手观音（属鼠人本命佛）

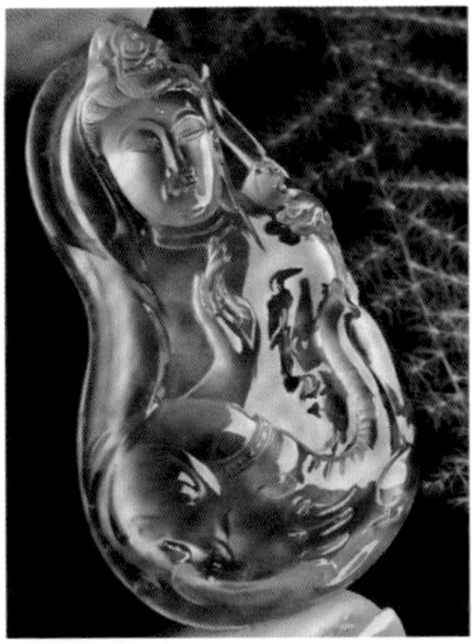

普贤菩萨（属龙、蛇人本命佛）

其他：

八仙：八仙过海各显神通，八仙庆寿。八仙是张果老、吕洞宾、韩湘子、何仙姑、铁拐李、汉钟离、曹国舅和蓝采和。有时用八仙持的神物法器寓意八仙或八宝。八种法器是葫芦、扇子、鱼鼓、花篮、阴阳板、横笛、荷花和宝剑。

达摩：常有达摩渡江、达摩过海、达摩面壁等造型。达摩面壁九年修行，有“面壁九年成正果，风风火火渡江来”的说法，是中国禅宗的初祖。达摩祖师面容慈善，眼眸深邃，手缕胡须，有着大彻大悟的境界，长而白的浓密胡须更能显示他修行的高深和知识的渊博，加上达摩面壁九年终修正果，有着才高八斗、学富五车、学有所成、大彻大悟、健康长寿、驱邪避难等寓意。

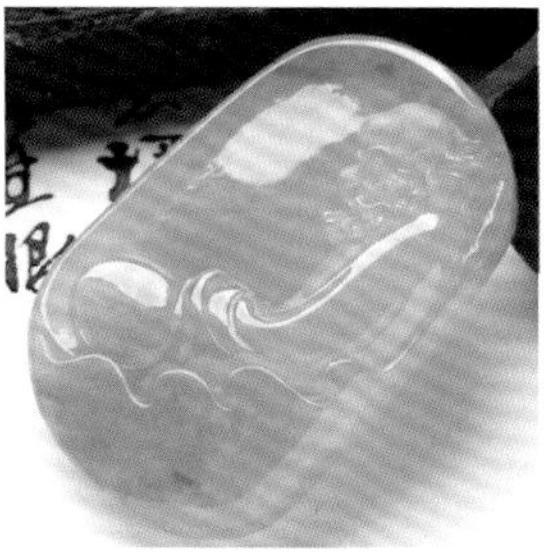

钟馗：“豹头环眼虬髯翁，色正芒寒气如虹；杀鬼长留三分慈，英雄原本是书生”；作为我国传统文化中的“赐福镇宅圣君”，钟馗岁生铁面虬鬓，相貌奇异，却满腹经纶，学富五车。在春节时是门神，端午时又是斩五毒的天师，并且钟馗是中国道教诸神中唯一的万应之神，扬善驱邪，要福得福，要财得财，有求必应。

财神：招财进宝之意，或叫天降财神。旧时指掌管钱财的神，人生在世既平安又有财，自然十分完美。中国主要供奉的五大财神，分别有中斌财神王亥（中），文财神比干（东）、范蠡（南），武财神关公（西）、赵公明（北）。还有其他四方财神：端木赐（西南）、李诡祖（东北）、管仲（东南）、白圭（西北）。以上曾被道教分为“四面八方一个中”的财神阵容。财神爷倾注了古人的朴素情感，寄托着安居乐业、大吉大利的美好心愿。

罗汉： 有18罗汉、108罗汉造型，均是驱邪镇恶的护身神灵。罗汉者皆身心六根清净，无明烦恼已断（杀贼）。已了脱生死，证入涅槃（无生）。堪受诸人天尊敬供养（应供）。于寿命未尽前，仍住世间梵行少欲，戒德清净，随缘教化度众。

寿星老： 寿星为白须老翁，持杖，额部隆起。古人作长寿老人的象征。常衬托以鹿、鹤、仙桃等。寓意长寿，寿星高照。

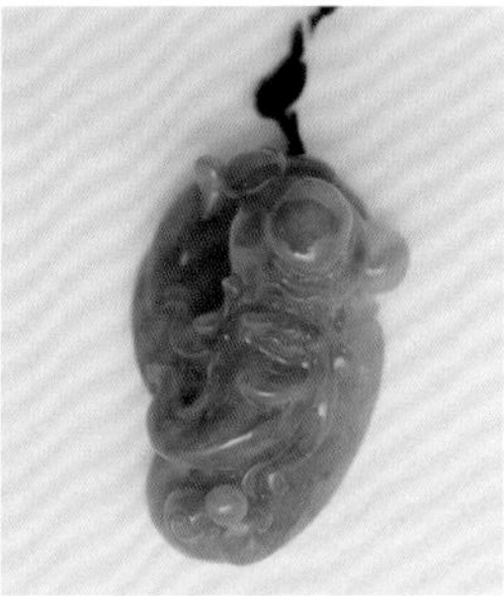

刘海：在古代民间传统绘画题材中，刘海通常是手舞足蹈、喜笑颜开的顽童形象，额前垂发，手吊钱串，戏着一只三足金蟾。现代玉雕题材中刘海常与铜钱或蟾一起寓意“刘海戏金蟾”或叫“仙童献宝”。刘海每戏一次金蟾，金蟾就吐一个钱币，故有招财的说法。

关公：关羽的化身，“千万雄兵莫敢当，单刀匹马斩颜良；只因云长武艺强，致使猛将束手亡。”位列三国时期五虎上将之首的关云长曾助君主阵斩颜良、镇守荆州。直至现今，在东南亚乃至世界范围的华侨心里，关公是当之无愧的“武财神”，威风凛凛中蕴含着宽厚仁慈，是忠、义、信、智、仁、勇于一身的武财神，手持宝刀又可令人们财运亨通、镇宅守家。

童子：袒胸露腹，笑容真切，无拘无束。寓意返璞归真、事事顺意，又有招财、送子之意。古有莲花童子、善财童子。童子一直以来既是蓬勃生命力的代表，又是纯洁美好的象征。童子送桃则意味着福禄寿禧、福气满满、财源广进。

昭君出塞：传说王昭君是天上的仙女，下凡来平息汉匈长年的战乱。人们多用沉鱼落雁来作为美女的代称，其中的落雁一词即指王昭君。王昭君到匈奴后，被封为“宁胡阏氏”（阏氏，音焉支，意思是王后），象征她将给匈奴带来和平、安宁和兴旺。现在象征着现代女性的聪慧、仁爱、美丽、端庄。

苏武牧羊：苏武在天汉元年（前100年）出使匈奴，被扣留。

匈奴贵族多次威胁利诱，欲使其投降；后将他流放到北海（今贝加尔湖）边牧羊，手持汉朝符节，扬言要公羊生子方可释放他回国。苏武在荒原牧羊十九年，始终威武不屈、正义凛然，表现出崇高的民族气节。

渔翁：传说中捕鱼的神仙，每下一网皆大丰收。鹬蚌相争，渔翁得利，意为双方相持不下，第三者得利，有生意兴旺、连年得利之说。

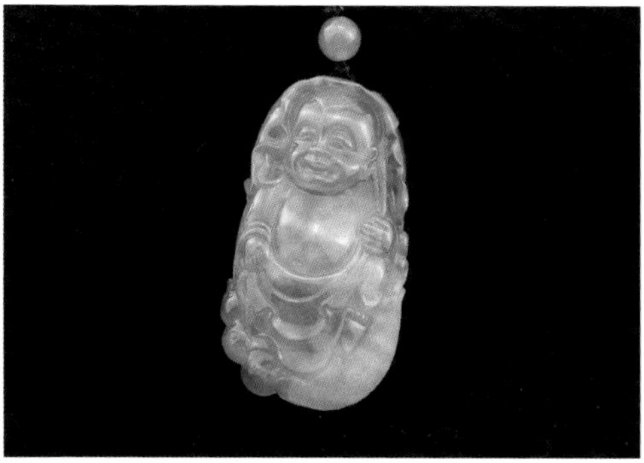

老子：春秋时代思想家，道家学派创始人。老子的核心思想是自我、平常、和谐、循环。

女娲：华夏民族人文先始，是福佑社稷之正神。民间传说，女娲捏土造人，炼五色石以补苍天。女娲还是创造万物的自然之神，神通广大，化生万物，更是博爱与智慧的化身。

后羿：后羿射日，张弓射箭，挽救众生。寓意英勇、神武。

麻姑：古代神话故事中的仙女，手捧寿桃。据《神仙传》记载，其修道于牟州东南姑馀山（今山东莱州市），中国东汉时应仙人王方平之召降于蔡经家，年十八九，貌美，自谓“已见东海三次变为桑田”。故古时以麻姑喻高寿：又流传有三月三日西王母寿辰，麻姑于绛珠河边以灵芝酿酒祝寿的故事。麻姑献寿，便是祝愿家中长辈福寿康宁。

羲之爱鹅：王羲之是东晋时代书法家，从家鹅游水中悟出用笔之法，于是养成爱鹅之癖。

嫦娥奔月：嫦娥，神话中后羿之妻，后羿从西王母处得到不死之药，嫦娥偷吃后，遂奔月宫。嫦娥升仙，不舍后羿，留居广寒宫，后羿感激，固有了中秋佳节。嫦娥奔月寓意花好月圆，人团圆。

扫地僧：“山间寻道安石志，松下悟禅怀素心”。大道至简，简简单单的一个字所蕴含的人间大义却需要我们用尽一生去参透。

一棵青松，一介老僧，一座禅院，一个佛思，一块玉魂。或许只有经历过大起大落的人才能明白人生的大彻大悟，才能做到一笑泯恩仇，才能与人生和解，与自己和解。

二、神兽类

龙：鳞虫之长，春分而登天，秋分而潜渊；飞龙送福，吉祥如意；飞龙在天，利见大人。也可以叫平步青云，或者龙腾四海，或者行运一条龙、龙行天下。龙是祥瑞的化身，与凤一起寓意成双成对或龙凤呈祥。

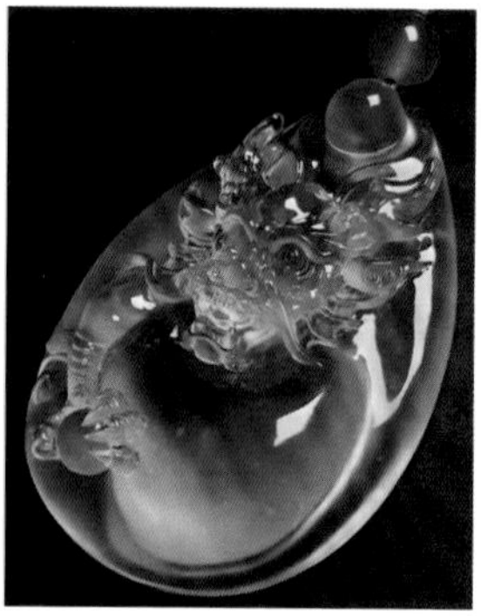

龙生九子：

大儿子：赑屃（bì xì），好负重。在各地的宫殿、祠堂、陵墓中，均可见其背负石碑的样子。在众多龙子的传说中他通常是长子。

二儿子：螭吻（chi wen），好张望。常被安排在建筑物的屋脊上，做张口吞脊状，并有一剑固定之。

三儿子：蒲牢，好音乐，好吼叫。古代乐器编钟顶上，就用它来装饰。寺庙大钟的钟表钮上也可见其身影。

四儿子：狴犴（bì'àn），掌管刑狱。常被安在死囚牢的门楣上。形似虎，故又有虎头牢之称。

五儿子：饕餮（tao tie），好吃，贪食。夏商时期出土的青铜上常见饕餮纹，为有首无身的狰狞怪兽。

六儿子：趴蝮，性好水，故立于桥柱。

七儿子：睚眦（ya zi），性情凶残易怒，喜欢争杀。民间俗语“睚眦必报”，所言即为此物。通常在武器的柄上可见，以增杀气。

八儿子：金猊（ni），身有佛性，喜好香火，于香炉上可见。为文殊菩萨的坐骑。

九儿子：淑图，形似螺螃，性情温顺，略有自卑。所以将其安

排在门上，衔着门环，免得小鬼光顾。

貔貅：貔貅（pi xiu），又称“辟邪”。因其有光吃不拉的特点，所以可以纳财。它的主食是金银财宝，自然浑身宝气，中国古代风水学者认为，貔貅是转祸为祥的吉瑞之兽。貔貅有二十六种造型，七七四十九个化身，其口大，腹大，无肛门，只吃不拉，象征揽八方之财，只进不出，同时可以镇宅辟邪，专为主人聚财掌权。古贤认为，命是注定的，但运程可以改变，故民间有“一摸貔貅运程旺盛，再摸貔貅财运滚滚，三摸貔貅平步青云”的美好祝愿。

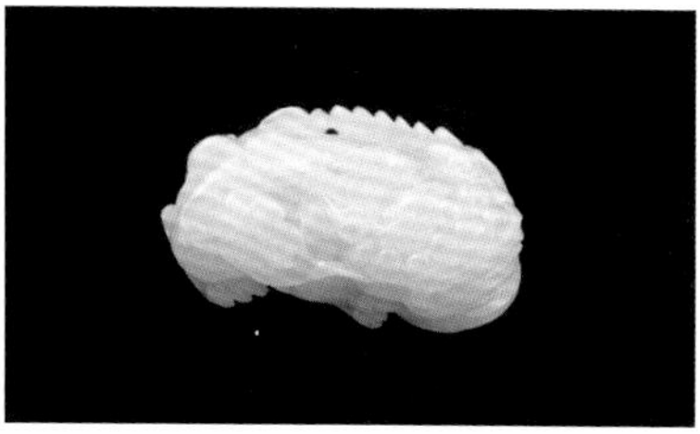

麒麟：麒麟送子、麒麟送瑞、麒麟送福，只在太平盛世出现。麒麟献书：孔子救麒麟得天书、努力学习终成圣人。汉代骑士跨下的麒麟图案与马和鹿的样子相似，汉后逐渐完善了麒麟的形象。地毯及文物中的麒麟图案，多为“麒麟送子”“麒吐玉书”等。因麒麟是瑞兽，又借喻杰出之人，麒麟送子、麒吐玉书皆有杰出人才降生的寓意。

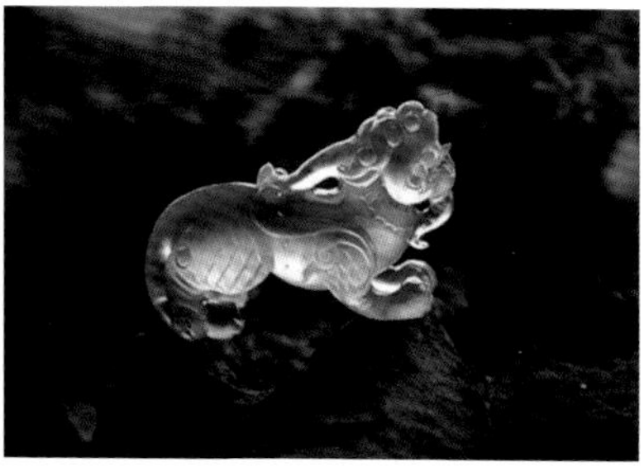
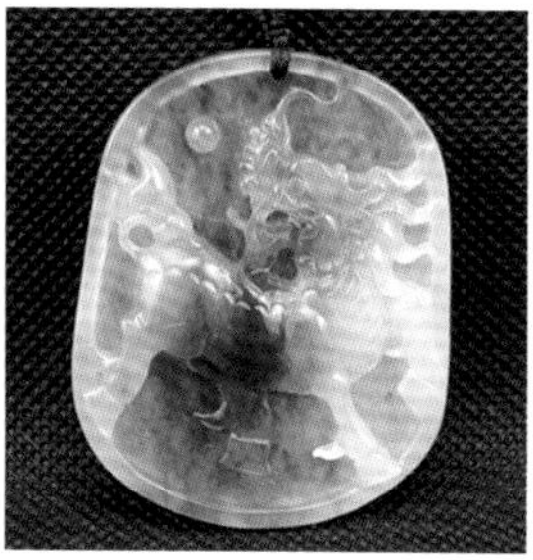

螭龙：古代神话传说中的一种没有角的龙，又叫螭虎（智龙），螭龙寓意美好、吉祥，也寓意男女的感情。

鳌鱼：龙头鱼身，是鲤鱼误吞龙珠而变化成龙后将要升天，又可叫平步青云。寓意独占鳌头，平步青云、飞黄腾达。

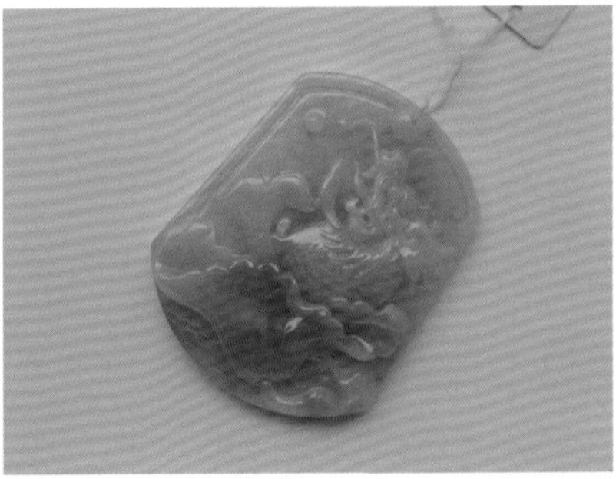

苍龙教子：望子成龙，一大一小两条龙或鲤鱼跳龙门、龙头鱼等皆为此意。有时是耗子和龙，有时是龙头下面雕螭龙。由大小两条龙组成，喻父子二人。

谚语中有望子成龙之说，寓父养子，应与教，养不教，父之过，借以赞美这无私的父爱。寓意望子成龙、吉祥美好。

金蟾：三脚的蟾蜍，因其吐钱的本事，从而有招财的本领。含有钱的金蟾在摆放时就嘴冲屋内，不含钱的金蟾就冲屋外。蟾与钱谐音，常见蟾口中衔铜钱，寓意富贵有钱；与桂树一起寓意蟾宫折桂；常有三脚蟾与四脚蟾之造型；腰缠万贯，常常如意，常常有钱（雕刻蟾与如意或者金钱）。“凤凰非梧桐不栖，金蟾非财地不居”，金蟾是中国民间信仰中的灵物，自古被认定为吉祥之物，与貔貅一样有招财致富的寓意，它能激励人心，寄托追求美好生活的愿望。三脚金蟾所居之地，都是聚财之宝地，宅内摆放金蟾，有吸财、吐财、聚财、镇财的作用，是经商最好、最能旺财运的吉祥物。

三、动物类

鱼： 雕荷叶（莲）、鲤鱼（余），有的还有童子骑在鲤鱼上；有的是雕鲶鱼，取其寓意年年有余，金玉满堂，吉庆有余，金钱有余，游刃有余，如鱼得水（今多以形容朋友或夫妻感情融洽）。用以比喻所处环境，称心如意，鲤鱼跳龙门。古代传说黄河鲤鱼跳过龙门，就会变化成龙，比喻中举、升官等飞黄腾达之事，也比喻逆流前进。

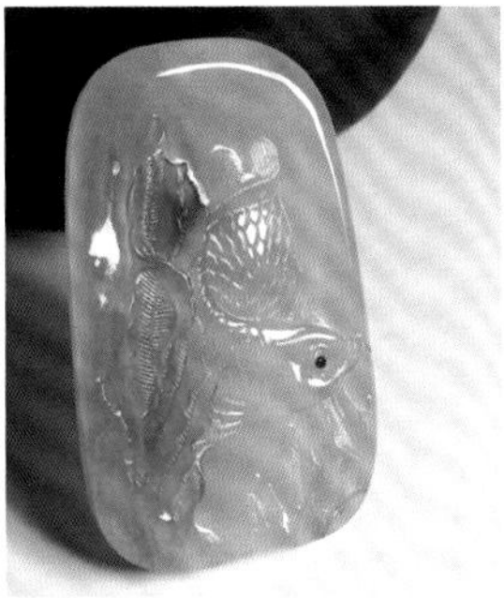

蝙蝠：寓意有福相伴，福从天降，遍福，福在眼前，福至心灵，福寿双全，五福拱寿，福如东海，护身符。

獾：雕两只首尾相连的獾（欢）， 据称獾是动物界中最忠实于对方的生灵，如果一方走散或是死亡，另一只会终生等待对方，绝不移情别恋，因此在我国有雕双獾作为夫妻定情之物的说法。另有欢天喜地，欢欢喜喜，合家欢等。

喜鹊：“得意高枝站，忘形尾上天。瞒忧惟喜报，可是为升迁”；喜上眉梢是中国传统吉祥纹样，古人以喜鹊作为“大喜”的象征，与此同时，梅花作为中华民族的象征之花，又谐音“眉”字。喜鹊站在梅花枝头，寓意“喜上梅（眉）梢”。两只喜鹊寓意双喜，和獾子一起寓意欢喜，和豹子一起寓意报喜，和竹子也有竹报平安的说法，喜鹊和莲在一起寓意喜得连科。

蝉：蝉在古人的心目中地位很高，向来被视为纯洁、清高、通灵的象征。随着时间的推移，人们又赋予蝉更多的含义。如以一玉蝉佩在腰间，谐音“腰缠（蝉）万贯”，以一蝉伏卧在树叶上，名为“金枝（‘知了’的谐音）玉叶”，也有人将佩挂在胸前的玉蝉取名为“一鸣惊人”（取蝉的鸣叫声）。现代儿童佩带得多，寓意聪明，或者一鸣惊人，知了（知足）。

鹤：古人以鹤为仙禽，寓意长寿。《淮南子·说林训》记："鹤寿千岁，以报其游"，用鹤纹蕴涵延年益寿之意。现代玉雕多有龟、鹿、松与鹤一起，寓意龟鹤齐龄，鹤鹿同春，松鹤延年。鹤有一品鸟之称，又意一品当朝或高升一品。

熊：寓意英雄斗志或英雄得利，英雄如意，雄霸天下。

鹰：鹰有"百鸟之王"的称号，鹰的高贵、优雅、王者气度皆是人们所敬仰的，玉雕题材中的鹰有着高瞻远瞩、观千里、大格局、大展宏图、展翅高飞等寓意。

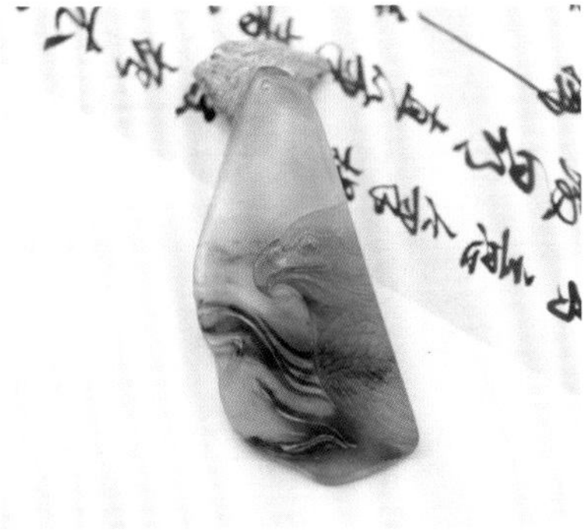

虾：寓意弯弯顺，平步青云，步步高升。

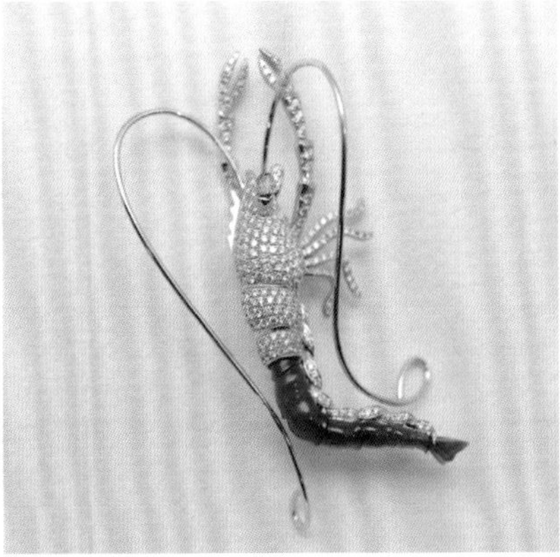

甲虫、蝎子： 寓意富甲天下，玉雕中甲虫、蝎子和元宝在一起代表财富，或者蝎子的钳子夹着钱状态，则有独霸天下财之意。

狮子： 表示勇敢，两个狮子寓意事事如意，和如意一起也叫事事如意。太师少师：一大狮子、一小狮子，意即位高权重。太师，宫名，周代设三公即太师太植太保，太师为三公之最尊者；少师，宫名，周和春富之属，即乐师也。以狮与师同音，表示辈辈高官之愿望。

驯鹿： 福禄之意。与官人一起寓意加官受禄。

大象： 寓意吉祥或喜象，与瓶一起，就是万象升平，太平有象。

金鱼：寓意金玉满堂，金鱼的眼睛如果为圆滚滚的，也可叫财源滚滚。

螺：螺的谐音是“罗”，有收罗，收纳的意思，同时螺的壳，弯转往复，古人对它有循环不息的想象。所以螺的寓意就是：广纳财富，财源如水，扭转乾坤，厚德载物。

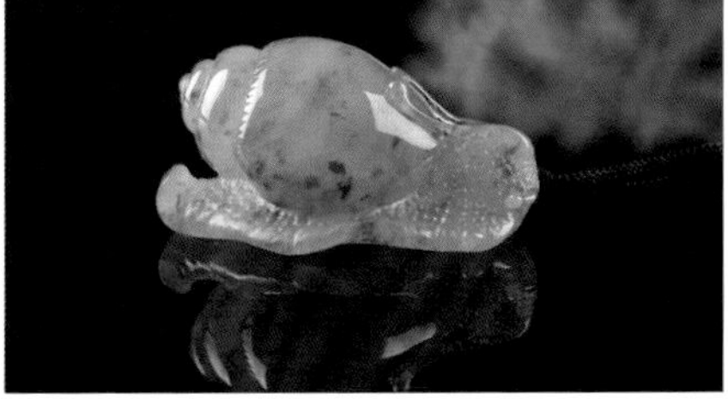

螃蟹：寓意富甲天下，发横财，八方来财。对于仕途人而言，螃蟹有八条腿，并且凭借着八条腿爬行得特别平稳，所以螃蟹也有四平八稳，步步高升的寓意。

蜘蛛：寓意知足常乐，网罗四方，广结人脉。

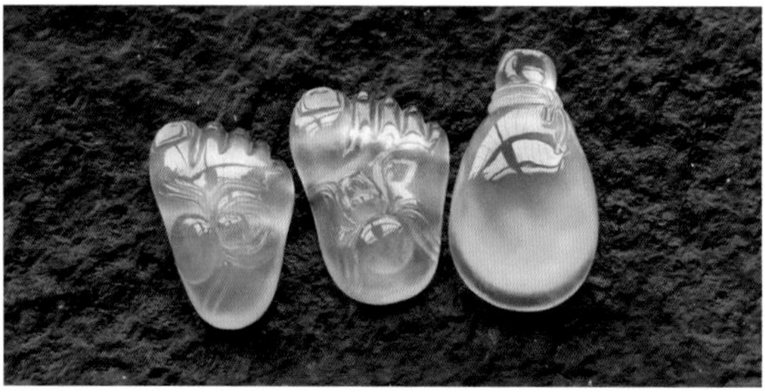

鹌鹑：寓意平安如意。和菊花、落叶一起寓意安居乐业。

壁虎：在古代，飞檐走壁的壁虎龙，能够降妖除魔，旺家兴财，是纳财的吉祥之物。葫芦的侧面雕一个壁虎，寓意必得幸福。

青蛙：青蛙的特点是鼓鼓的腮帮子，寓意福气满满，荷包满满，呱呱来财。

鼠：代表顽强生命力，鼠聚财的本领也是数一数二。和钱在一起，代表数钱。如果有个窝，就数钱进家。鼠在传说中是财神的帮手，帮助财神数（鼠）钱，所以很多人喜欢鼠的题材。

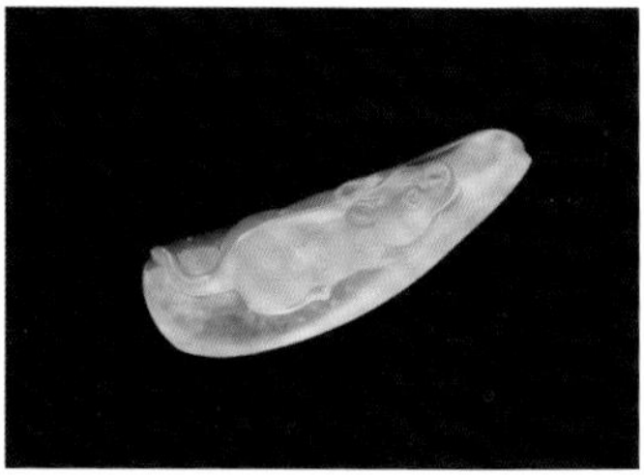

兔：玉兔呈祥，前途（兔）似锦，扬眉吐（兔）气。

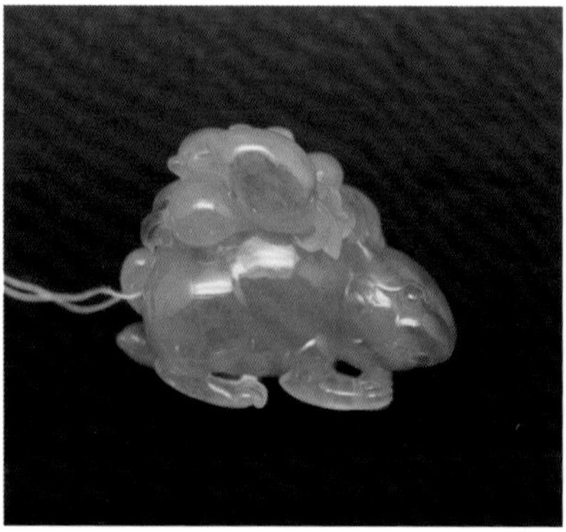

狗：全（犬）年兴旺，狗年汪汪（旺旺），一丝不苟（狗），百业兴旺。

马：自古马便被我们视为能使事业更加顺畅，所以马也象征事业腾达、事业有成、马到功成。猴子蹲靠于马背上，猴与马一起寓意马上封侯，也就是象征人可以节节高升、官运亨通、加官晋爵。马背上驮着元宝的形象比比皆是，我们用此来象征马上发财、生意兴隆、招财进宝。马上如意、马上有钱等就是马背上有元宝、如意、钱等。还有天马行空、一马平川等比较有气势的词语，天马行空，喻才思豪放飘逸，还有龙马精神。

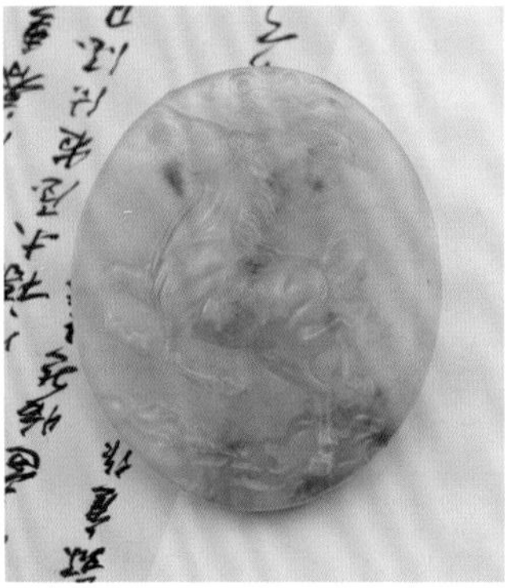

蛇：古时候，蛇是一种很受尊贵的动物，蛇寓意着阴阳互济、生生不息、子孙满堂，也是吉祥、智慧的象征，佩戴生肖蛇挂件还有财运亨达、长命百岁的寓意。灵蛇之珠，比喻非凡的才能，灵蛇纳福。

猪：猪肥硕健壮，本身就是财富的代表，加上自古人们就赋予它吉祥喜庆的寓意，其中蕴含的美好象征就呼之欲出。猪年有福，猪年大吉，猪抱着“福”字也可叫——祝福。雕刻有如意，（猪）诸事如意，发财就（猪）手，猪笼入水：水就是钱，薪水即工资，说明钱大把大把地来。

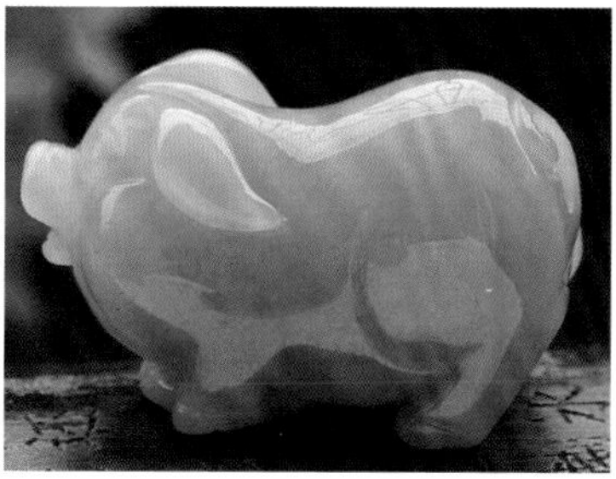

牛：牛是正直、勤劳的代表，寓意勤劳致富，扭转乾坤，事业红红火火，踏踏实实，牛气冲天。

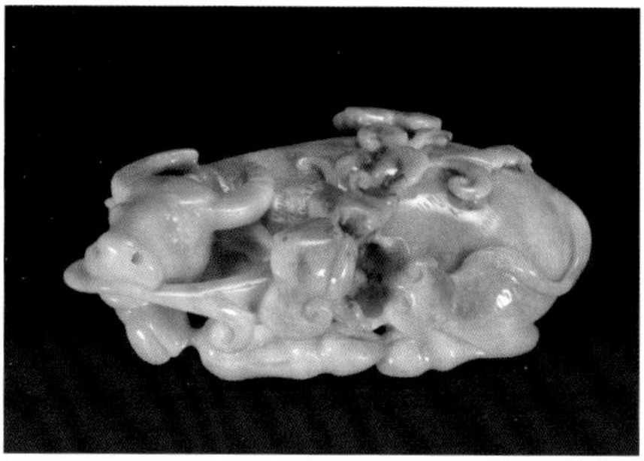

羊：羊与“祥”和“阳”谐音，有着吉祥如意的美好寓意。更有洋洋得意，样样得意（雕刻羊和如意），三只羊寓意三阳（羊）

开泰，有大地回春、万象更新的意义。

虎：老虎是百兽之王，更有虎啸南山，虎虎生威，声震九霄，所以玉雕虎寓意一展宏图。

鸡：吉祥如意，常带五只小鸡寓意五子登科。官上加官（公鸡有鸡冠），金鸡报晓， 闻鸡起舞，金鸡独立，机不可失，一鸣惊人。

猴：好彩头，猴背猴，辈辈侯，马上封侯，诸侯万代（雕刻猪与猴子），代代封侯（雕两只猴），宰相封侯或者封侯拜相，雕大象与猴，与印一起寓意封侯挂印，灵猴献瑞，灵猴祝寿。

犀牛：寓意翘首企盼，一往无前，心无杂念，破除一切艰难险阻。

鹭：一路平安，一路连升，另有图案为鹭鸶、太平钱的叫一路太平。以鹭鸶寓“路”，瓶寓“平”、鹌鹑寓“安”，祝愿旅途安顺之意。

蜥蜴：今非昔比，应万变。古称蜥蜴为变色龙，有“土龙”之美誉，就是取它的“喜”，寓意事业兴隆，兼具平安。蜥蜴在古代也是吉祥的动物，象征财富和幸福连绵不断。蜥蜴古代有“拢”之美誉，有独行天下、财源广进、保平安、万事如意、事业有成等寓意。

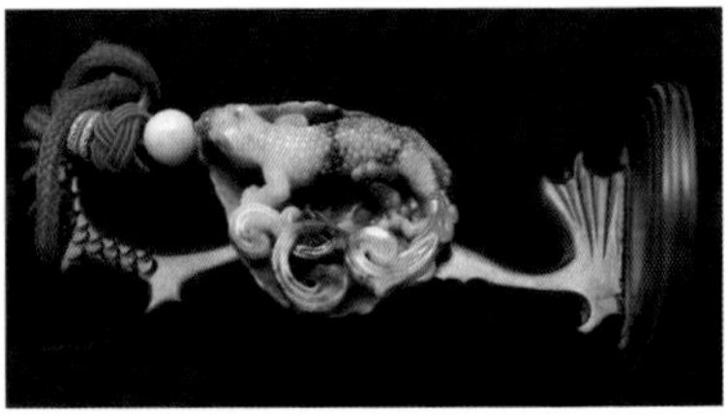

龟：平安龟或长寿龟。取福寿归主，与鹤一起寓意龟鹤同寿。

带角神龟即长寿龟。龟也代表了坚定，富甲天下，厚德载物。

四、植物类

四季豆：四季发财豆，四季平安豆，也称之为福豆，以翡翠雕成豆角，据说寺庙中常以豆角为佳肴，和尚称其为“佛豆”。有三个圆圈，叫连中三元，四季发财或者四季平安豆，豌豆即日进万斗。

辣椒：寓意红红火火。

葫芦：福禄，有福有禄，福禄双寿（增加2只小兽），厝内一粒瓠，家风才会富，葫芦是中华民族最古老的吉祥物之一，造型圆润饱满，两球相接，大肚小口，谐音“福禄”，有福有禄，寓意平安吉祥，多子多福。

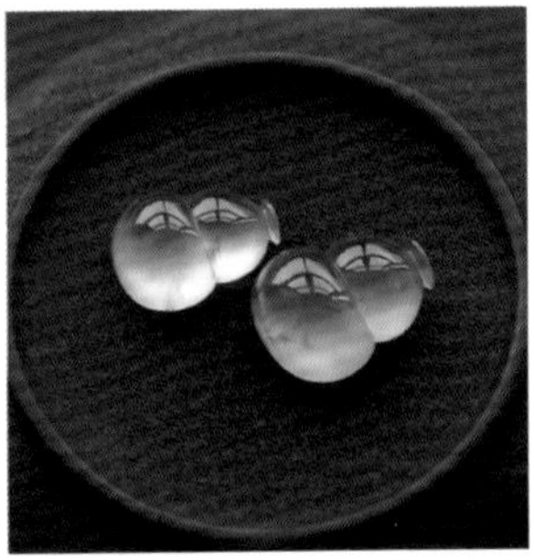

岁寒三友：松、竹、梅。

竹子：步步高升，适合当官的与希望升职的人，胸有成竹，送学生，竹报平安，富贵竹。竹子更有着君子美誉，暗含高尚的人格，高雅的品位，是有志之士的精神体现，同时它也寄托了淡泊名利、廉洁正直的君子之风，又有事业蒸蒸日上、节节高升等美好的寓意。竹叶四季常青，也象征着青春永驻，爱情天长地久。

人参：寓意人生如意，健康大吉。

白菜：常见的玉雕白菜寓意取自白菜的谐音，意为“百财”，有聚财、招财、发财、百财聚来的含意；另一寓意是取自白菜的颜色和外形，寓意清白。

兰花：与桂花一起寓意兰桂齐芳，即子孙优秀的意思，兰花也象征了品性高洁。

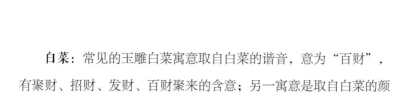

梅花：古人形容它冰肌玉骨，梅花五瓣代表福、禄、寿、禧、财五福。佩带梅花图案的翡翠，五福尽享。和喜鹊在一起寓意喜上眉梢，和松竹梅一起寓意岁寒三友。

佛手：福寿之意，一生相守。

百合：百年好合。与藕一块称之为“佳偶天成、百年好合”。

麦穗：岁岁平安。与铜钱在一起，就是岁岁有钱。

莲、荷：寓意出淤泥而不染。与梅花在一起寓意和和美美，与鲤鱼在一起寓意连年有余，与桂花在一起寓意连生贵子。一对莲蓬寓意并蒂同心，一茎莲花或一茎荷叶寓意一品清廉，一枝独秀。

柿子：事事如意。

石榴：榴开百子，多子多福。

牡丹：富贵牡丹，与瓶子在一起寓意富贵平安。

菱角：寓意伶俐，和葱在一起寓意聪明伶俐。

花生：多子多福，长生不老之意。还有生生不息、开心果、生龙凤胎的说法。

树叶：事业有成，金枝玉叶，大业易成。

缠枝莲：寓意富贵缠身。

灵芝和兰草：寓意君子之交。

五、器物类

宝瓶：或花瓶，寓意平安。与鹌鹑和如意在一起寓意平安如意，与钟铃在一起寓意众生平安。

风筝：寓意青云直上或春风得意。

平安扣：平安扣是我国的一款传统翡翠玉雕饰品，其设计理念既符合我国传统文化的思想，也表达了人们朴素美好的愿望。从外形看，它圆滑变通，符合中国传统文化中的“中庸之道”，古代称之为“壁”，有养身护体之效。在现代，常为情人间互赠之物，取平安之意。

路路通：路路通是现代的名字，寓意人生路路通畅、四平八稳、事事顺利、财源滚滚和万事如意。路路通的中心是空的，佩戴的时候用细绳穿过空洞戴于颈上，可以随着人的运动不停转动，象征着人生的道路永远畅通无阻。

磬：磬是中国古代一种石制打击乐器和礼器，寓意喜庆、吉祥、欢乐和富裕。

谷钉纹：青铜器和古玉器常用的纹饰，寓意五谷丰登、生活富足。

太湖石：洞天一品，宋朝书法家米芾喜爱的一块太湖石名洞天一品。寓意书香门第，品性高远。

枯木：玉石雕刻成朽木和新芽，寓意逢春新气象。

毛笔、银锭、如意：必定有钱、有权、如意，“笔”“必”谐音，“锭”“定”同音。

云纹：古代中国吉祥图案，象征高升和如意。现代更有流云百福、延绵不断之意。

玉如意：“人人如意祝炉香，为寿百千长。”“如意”，是玉雕件中较为特殊的制品，是我国传统的吉祥之物。自古以来，如意在我国民间、宫廷中都有着广泛的应用。作为吉祥之物，人们远行前，家人或友人会送上如意，以表良好祝愿。

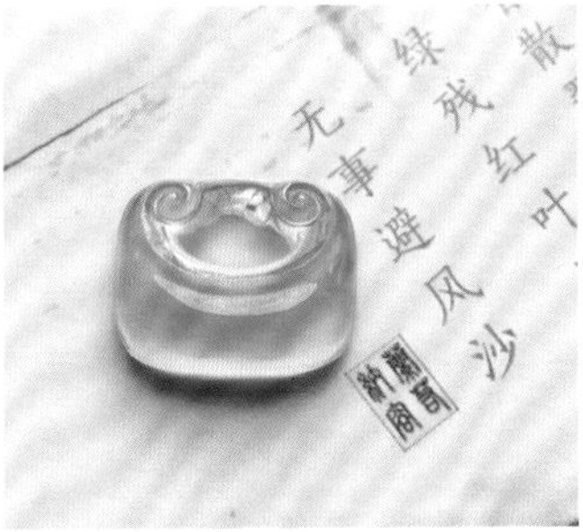

附录C 名家作品鉴赏

一、精品

凤栖牡丹

百子闹春

飞龙

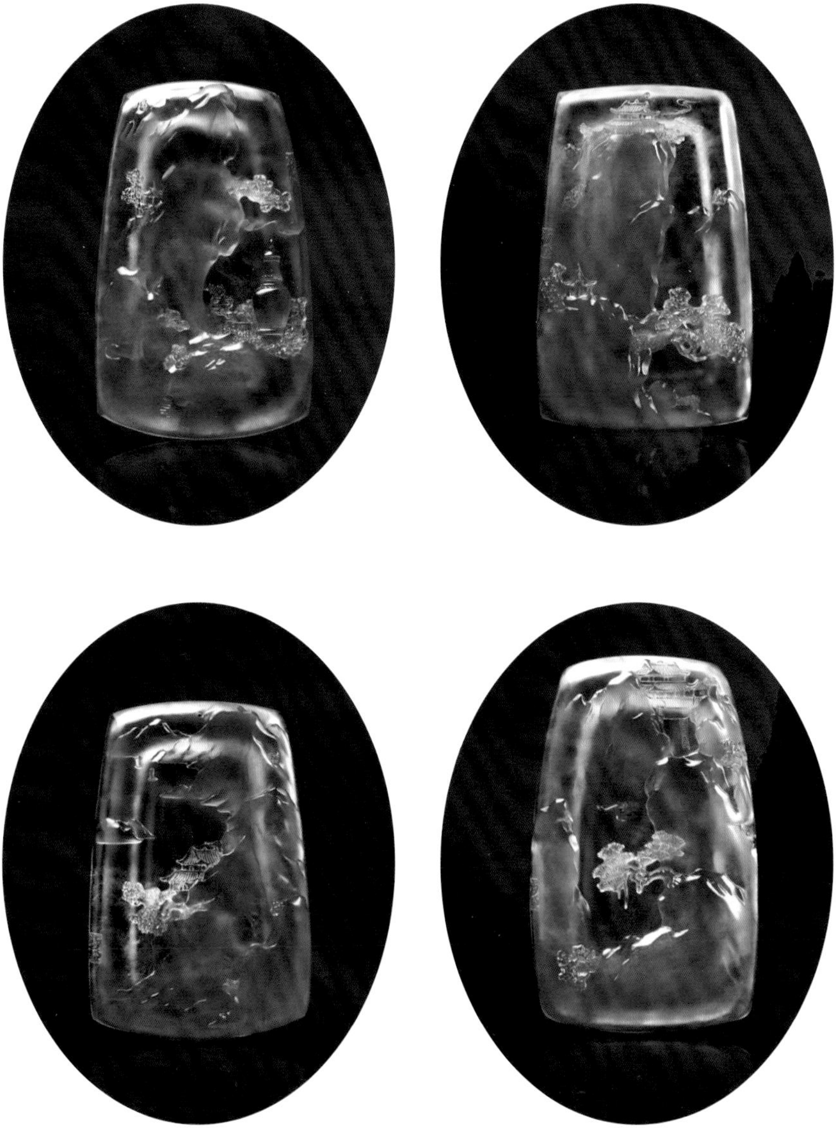

四大名山

丰收连年

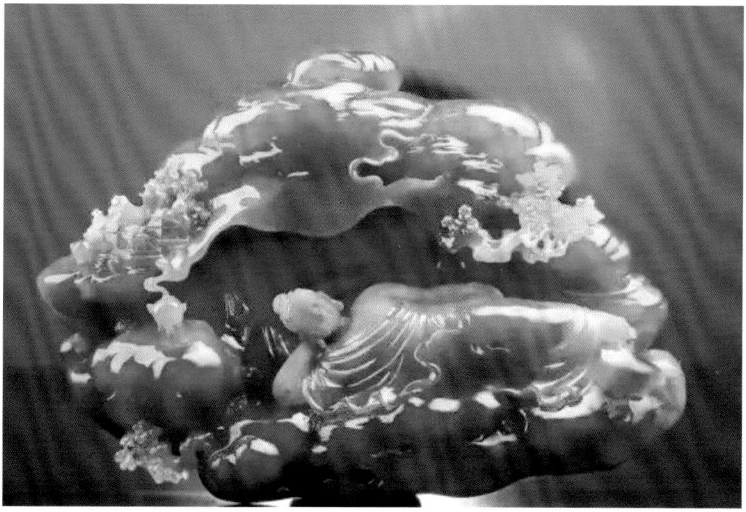

悟道

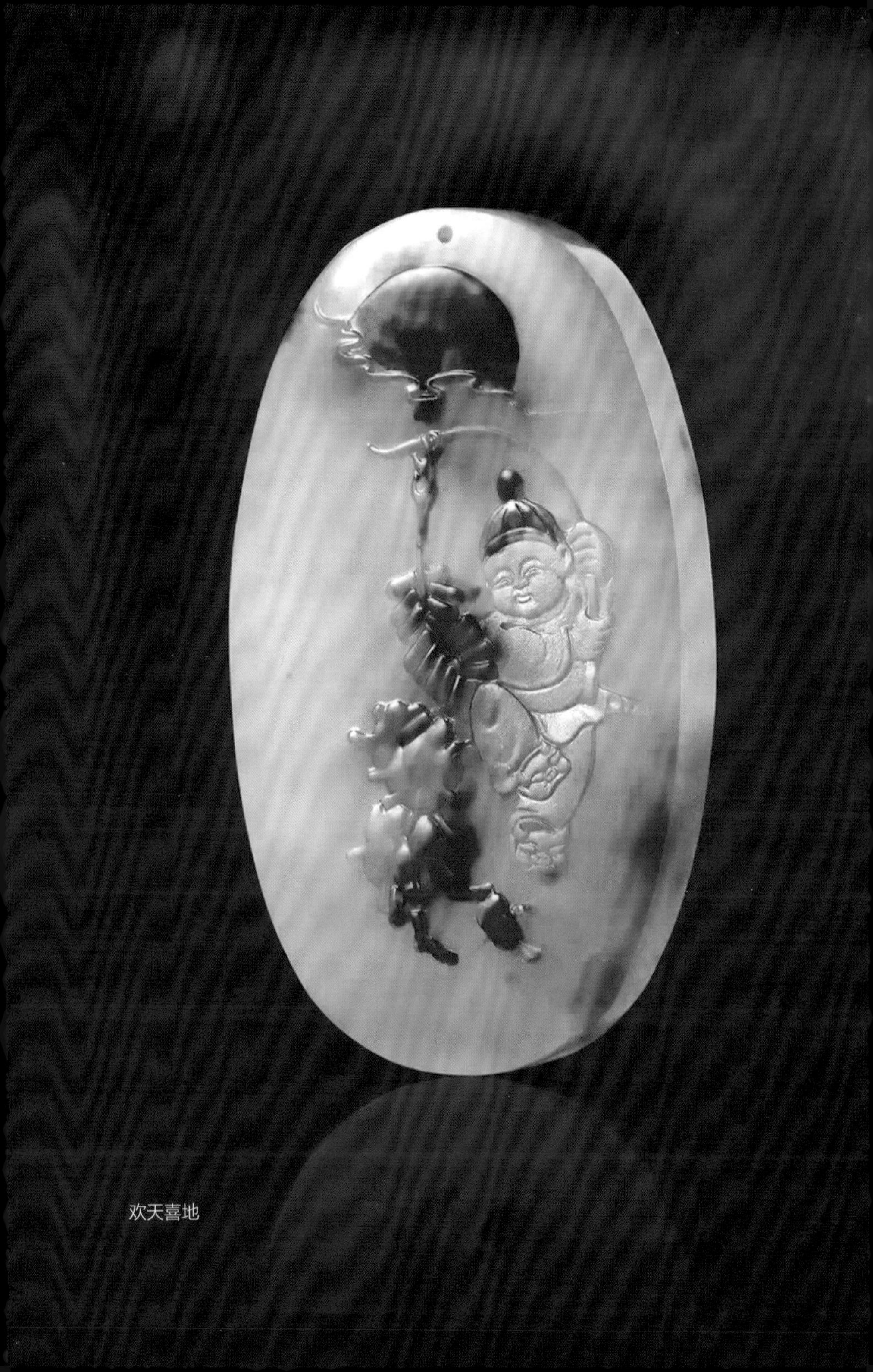

欢天喜地

九龙手环

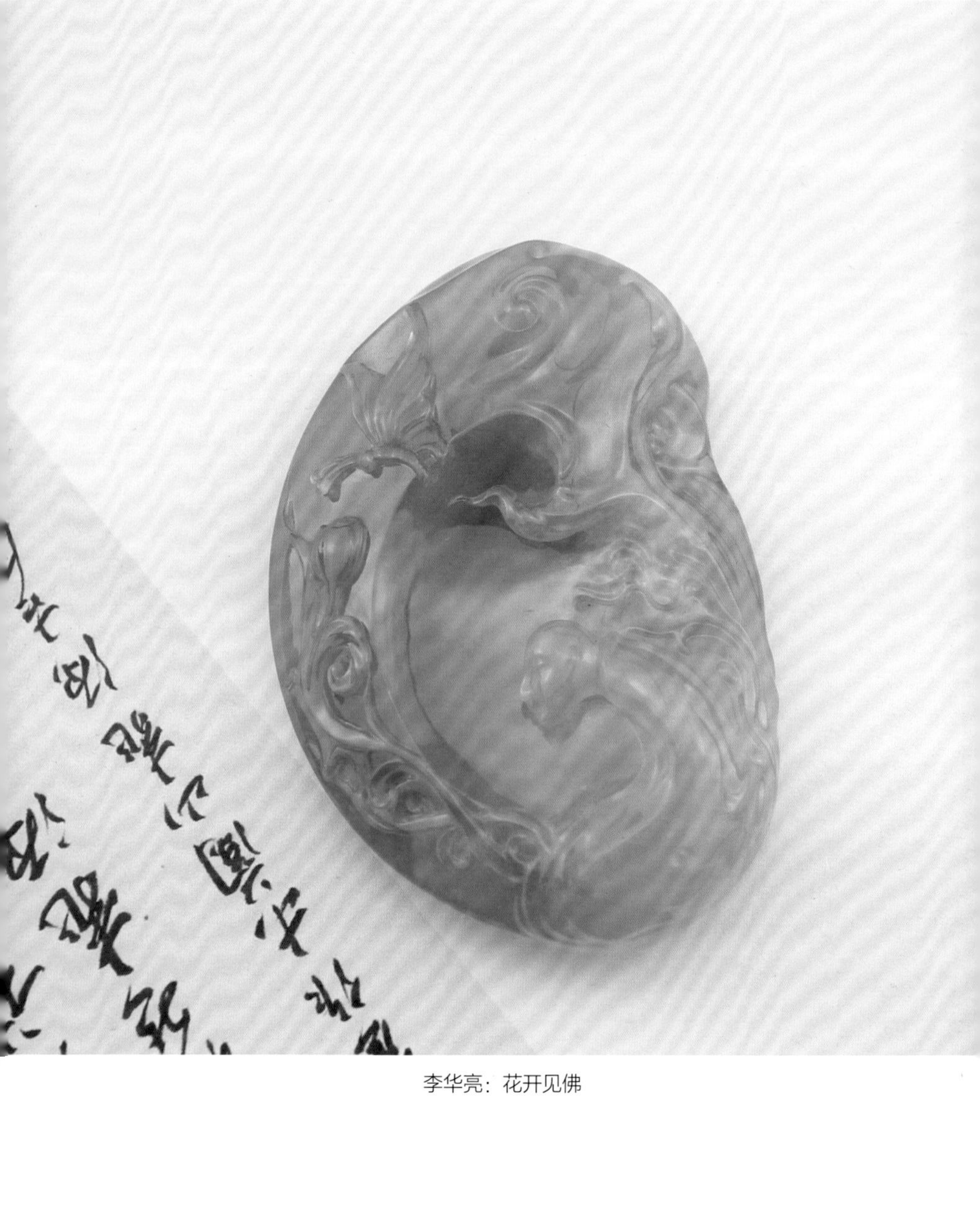

李华亮：花开见佛

福寿天齐

二、名家作品

高松峰作品

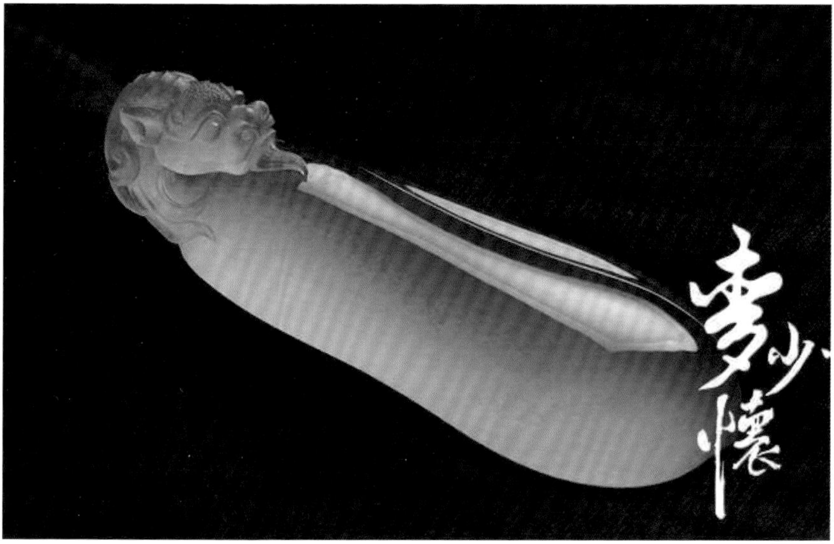

麦少怀作品

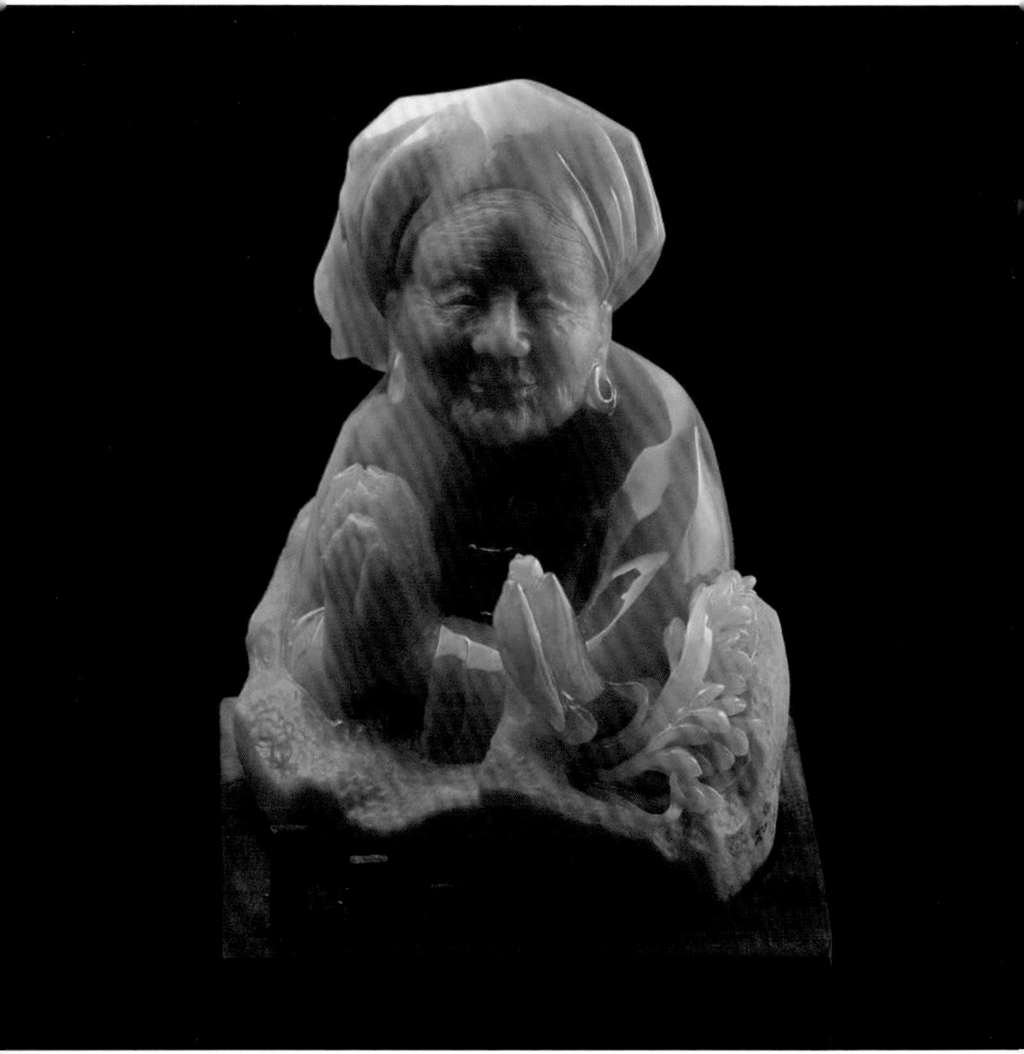

王朝阳作品

王俊懿作品

王俊懿作品

杨树明作品

叶金龙作品

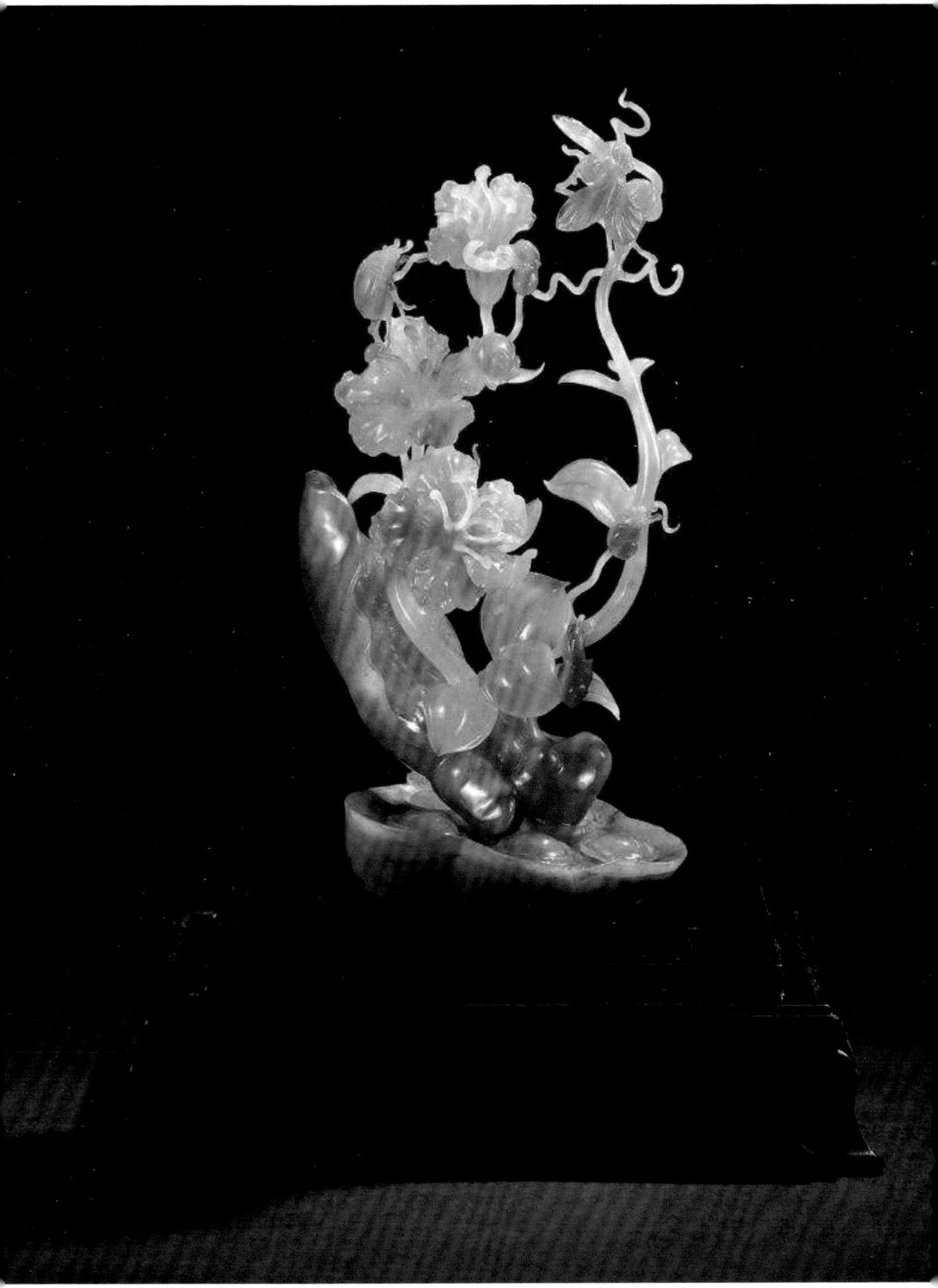

叶金龙作品

于丰也作品

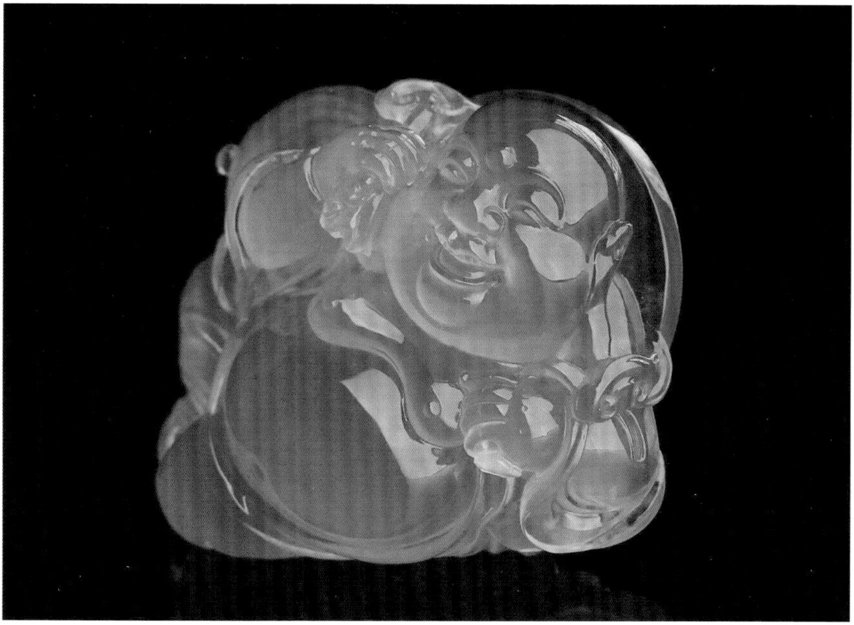

张炳光作品